科学のシャドウ・ワーク

科学技術社会論研究

23

Journal of Science and Technology Studies NO.23

科学技術社会論学会

2024.12

■科学技術社会論研究■ 第23号
(2024年12月)

■目次■

Journal of Science and Technology Studies, No. 23
(December, 2024)

Contents

特集=科学のシャドウ・ワーク

科学のシャドーワーク

総説

福島 真人*

要 旨

本稿の目的は,「科学のシャドーワーク」という本特集の解説にある.STSにおけるインフラ研究は,表面上日のあたりにくいテクノロジー・システムについての分析が主だが,昨今の流行に準じて,技術決定論的な内容となることも少なくない.他方シャドーワークという概念は,一般的に評価が低い,非賃金労働のようなものを示す場合が多い.ここでいう科学のシャドーワークという概念は,①STSにおけるインフラ研究と関係が深い諸活動,という点から出発し,②そうした活動を評価する公的評価基準の有無,③活動主体がもつキャリア意識との関わり,という三つの側面を総合したものである.本論では,①の前提を中心に,それが②の有無,③から見た肯定,否定という四つの象限を考え,その最も否定的ケースを科学のシャドーワークとし,それと他の象限の関係を考える.

1. はじめに

科学技術社会学(STS)の文脈において,急激に変化する状況を解析する手段として,アクターネットワーク理論のような分析枠組みが開発される一方,それが得意とする「ホットな状況」(cf. Rip 2010)にとどまらない,より長期持続的な状態についても多くの研究が進んできた.特に常に革新性を要求される研究分野とは異なり,テクノロジーは,その開発には新奇性が求められるものの,それが使用される状況においては,同じテクノロジーが長期に使用され,その安定性の故にその存在が研究者に等閑視される傾向が続いた.そうした状況を補うのがインフラ研究である.ここでは表面上問題がないように見える安定したインフラにあえて着目して分析することが称揚されている(Bowker 1994;Star 1999;福島 2017).

こうした研究はそれ以前のSTSにおける,社会的に注目される新奇性をもった科学技術(例えば遺伝子組み換え技術やナノテク)の分析という固定観念を超えるのに役立った一方で,STSの一部が固執する物質性への過度な強調により,その分析がインフラの技術的側面に偏る傾向もあった[1].結果としてインフラ研究は,一つ間違えば技術決定論になりかねないリスクもある.他方それを補

2024年1月9日受付 2024年4月14日掲載決定
*東京大学・名誉教授,maxiom@jcom.zaq.ne.jp

うかのように，こうしたインフラ技術を如何に保全，補修するかという議論も一部で盛んになってきた(e.g. Denise et al. 2015)．

こうしたテクノロジーの補修，維持についての研究は，確かに従来のインフラ研究に新たな光をあてる潮流だが，現状では，その観点がインフラ技術に偏っている傾向がある．つまり技術としてのインフラと，それを補修する人的ファクターという構図である．しかし現実の科学的実践においては，こうした図式では納まらない，別の陰の部分があり，それがここでいう「科学のシャドーワーク」という概念である．

シャドーワークとは一般的に，人目につかない陰の仕事で，重要ではあるが，公的にその重要性が評価されていないような活動一般を示す用語である．辞書的な意味では，賃金が支払われないといった項目を載せているものもあり，家事労働などがその一例としてあげられる．この賃金に関する定義に全面的に賛同するかどうかは別として，こうした活動が，その重要性にもかかわらず公的な評価の対象にならないという点がここでは重要である．

2. 科学のシャドーワーク

科学のシャドーワーク研究とは，特に科学的実践において，異なる分野での多様性を前提として，こうした側面がどう扱われているかを，その問題点，現状，改善可能性等を研究するものである．その目的のために，いくつかの点で概念の整理が必要である．それが以下の諸項目である．

2.1 インフラ的作業とシャドーワーク

科学のシャドーワーク研究は，大きな意味では従来のSTS研究におけるインフラ研究と重なる部分も多いが，他方概念的に異なる面もある．従来のSTS研究におけるインフラ研究，とりわけその初期はその物質的な側面に着目する傾向が強かったが(e.g. Bowker 1994)，シャドーワーク研究は，ワーク(work)という言葉に象徴されるように，具体的な活動の方により関心がある．もちろん物質的な諸要素との関係性は重要だが，ヒューマン・ファクターにより重きが置かれるのである。

その意味では近年の，補修，維持活動といったものへのSTSの関心と軌を一にする点もあるが(Denise et al. 2015)，相違点も少なくない．前者は多くの場合，技術的な意味での様々なインフラをどのような形で維持，補修しているかという点に関心が集中する傾向がある．他方，シャドーワーク的な観点からいうと，こうした作業は必ずしもシャドーワークとはいえない面もある．この点で重要なのは，以下に述べる，辞書的な定義における「公的な承認」という側面である．

2.2 公的評価体系との関係

清掃行為がその典型であるが，これは確かにインフラ維持に関わる典型的な活動である．他方，公的な清掃業務は，関係業界が存在し，それに賃金が払われるという意味で，ここでいうシャドーワークにならない．それがシャドーワーク化するのは，そうした行為への評価にあいまいさがある，あるいは公的な評価基準が定まってないといった場合である．例えば科学の文脈において，特定のインフラ(例えばデータベースのような情報インフラ)を設計する側の立場の人の間では，その設計という行為について微妙な価値観の揺れがあることが少なくない．インフラ開発の栄誉は歓迎するが，その維持等の日陰の仕事はあまりやりたくないという意識である．これは「価値振動」(value oscillation)と呼ばれるが(Fukushima 2016；福島 2017)，それはインフラという存在の重要性の認知と，その維持活動への消極性といった相反する態度の間での動揺という形で現れる．

この価値振動の裏には，維持活動についての公的な評価がはっきりしない，あるいは評価体系が不在，という状況がある場合が少なくない．ある行為がシャドーワーク化する際の条件の一つは，こうした公的評価体系との関わりのあり方である．

2.3 主観的視点（キャリア意識との関係）

このようにシャドーワークは，ある種のインフラ的作業と関係が深いが，公的な評価のあり方という別の次元とも関係する．とはいえ辞書的な定義，つまり賃金が支払われないからシャドーワークだ，（逆にいえば支払われればシャドーワークではない）といった単純な関係にはないと我々は考える．ここで重要になってくるのは，その作業当事者の主観的な視点であり，近年のSTSではあまり論じられない，キャリア形成やアイデンティティといったいわば古典的問題が重要なファクターとして表面化する．

社会的学習理論の文脈でかつて活発に論じられた「実践共同体」等の議論では，伝統的徒弟制をモデルとして，人々の長期的な学習過程が実践共同体への「参加」という形で論じられた（レイヴ，ウェンガー 1993；福島 2022）．伝統的徒弟制においては，参加者の長期的なキャリア形成と関係があるようには見えない雑用を新人に強要することの是非が議論の対象になった（福島 1995）[2]．これは研究者間でも意見が分かれる点だが，ここでいうシャドーワークという観点から言うと，自らのキャリア形成といった点から当事者が，当該内容をどうとらえているかが重要なポイントとなる．当事者がその活動を自らの将来に有意義なものと見なしていれば，それはここでいうシャドーワークにならない．例えば突然の事態の変更で，自分が関わる業務に大きな問題が生じ，不眠不休の処理業務が生じたとしても，その作業が自分にとって根本的に重要であり，労苦を厭わないなら，規定外の作業だとしてもそれはシャドーワークにはならないのである．

逆に，その活動が公的にある程度承認されていても，当事者がそれを不服とする場合，そこにシャドーワークの芽があるということになる．例えば特定の業務を行うことを組織内で命じられ，それが公的には比較的評価が高いように見える内容でも，本人のキャリア形成への見取り図からいって，その意義が見えないと強く感じられる場合，ここではそれをシャドーワークと見なす．なぜなら，そこに潜在する不満がその業務の長期的執行や，個人のキャリア設計に影響を与える可能性があるからである．更にこの状況がこうした業務の評価体制についての（実はかなり本質的な）欠陥等をあらわにする可能性もある．

この当事者主観への視点によって，ここでいうシャドーワーク概念はかなり複雑な様相を呈することになる．他方こうした分析視点のメリットは，こうした事態がどういう経由である種の不満，更には紛争へと拡大しうるのかと言う点について，単純に客観的な視点だけでそれをとらえるよりも，より現実性があるからである．

3. 構造的あいまいさとシャドーワーク

こうした点をまとめると，ここでいうシャドーワークを構成する要素には，近接する諸要素との間に，ウィトゲンシュタイン（L. Wittgenstein）が言う「家族的類似」に似た関係があることが見えてくる．つまり相互に類似性がある一方で，差異もあるため，部分的に重なる状態が続くような在り方である．

まず第一にシャドーワークはインフラという概念と関係が深いが，すべてのインフラに関わる活動がシャドーワークと言う訳ではなく，また一見世間的に目立った活動もシャドーワーク化しうる．

その違いは，その活動についての(公的，共有された)評価が，どれほど整備され，それが当事者にとってどれだけ納得できるものか，といった点による．これらをまとめると，次の四象限になる．

第一象限
公的評価が確立し(＋)，本人も納得している(＋)．
　専門職化したインフラ関係作業がその典型であり，専門的清掃業などがこれにあたる．その社会的ステータスについてはいろいろな議論がありうるが，ここでいうシャドーワークには入らない．

第二象限
公的評価が確立していないが(－)，本人は納得している(＋)．
　これは典型には徒弟修行の過程における様々な雑務のようなものである．外から見るとそういった活動の意味が不明で，制度化あるいは評価の対象になってない場合もある。他方本人がそれを自分の芸のためと納得している場合，それはシャドーワークにはならない．ただし同じ芸人修行でも，養成学校のようなものが主流になり，こうした徒弟修行がはやらなくなると，徒弟修行に対して，こうした納得感がなくなる可能性もある．その場合，この象限がある種シャドーワークの温床になる可能性もある．研究者や専門職養成の過程は，実は伝統的徒弟制と部分的に重なる部分も多いが，その意味ではこの象限に関わる議論は，研究者のキャリア形成でもよく見られる場合が多い．

第三象限
公的評価が確立しているが(＋)，本人が納得していない(－)．
　これは微妙なケースであり，例えば大学における行政活動のように，その活動を評価する基準があるが，本人がそうした業務につくことに不満をもっている(研究中心)といったケースがある．これ自体はまだシャドーワークとはいえないが，特にそうした業務への割り振り等に公平さが欠けていると感じられる場合，不満が爆発する可能性もある．現在の大学改革(改悪?)に伴う研究以外の業務の拡大はこの領域に近いが，研究という本務へのしわ寄せが著しくなると，公的評価そのものへの不信が発生する可能性がある．そうなるとシャドーワークへの転落も近い．

第四象限
公的評価があいまいで(－)，本人も納得していない(－)
　本研究でいうシャドーワークのプロトタイプはこの象限である．上の第三象限でも，当事者の不満が拡大する可能性はあるが，公的な評価があいまい，あるいは存在しない場合，こうした業務はいわば貧乏籤をひいたような状況と認識され，シャドーワークとしての条件を満たすことになる．

　このように，二つの軸，つまり公的評価体系と当事者の納得という軸のうち後者の部分はかなり文脈依存なため，この＋－関係はかなり流動的で，ある時点で，その関係が逆転する場合も十分想定できる．象限間の閾はかなり可変的であり，潜在的なシャドーワークが顕在化することもある．話が更に複雑になるのは，この二つの軸に加えて，ここに公的なイメージといった第三の軸を挿入した場合である．例えば第一象限の典型は，専門的な清掃業のようなもので，これは職業として成立しており，本人もそれで職を得ているとはいえ，社会的なステータスが高いとは言えない．他方科学系の業務では，社会的なステータスは一般的に高そうに見えても，本人たちはその業務内容にあまり納得していないという場合もある．しかし本論では，こうした社会的ステータスの問題は一応かっこにいれ，分析を基本的にこの四象限を中心におこなうことにする．

4. 比較上の留意点

こうした観点から，本特集においてはいくつかの様々な科学業界内のシャドーワークの在り方について比較研究をおこなうが，特に留意したいのは，様々な研究領域での研究活動の実態の多様性である．クノール・セティナ（K.Knorr-Cetina）の「認識的文化」（epistemic cultures）論（Knorr-Cetina 1999）を待つまでもなく，科学界における研究形態は大きな多様性があり，似たような概念でも分野によってその意味がかなり異なるので注意が必要である．

例えばプロジェクトという言葉一つとっても，バイオ系のようにその実行の単位が小規模なラボレベルで可能な，いわば分散型のそれと，宇宙科学，特にロケット打ち上げを伴うスペース系という，目標に向かって厳密な協働と組織化が必要とされる分野では，同じ言葉でもその実態が大きく異なる．当然こうしたプロジェクトにまつわる影の部分の形式もかなりの違いが見られるはずで，こうした問題を論じる際は，細部の具体的実践の文脈的な意味をできるだけ正確に理解する必要がある．

■注

1）実際インフラ論を推進したバウカーは，自分はプロジェクトのようなものの分析は認めないと個人的に語っている．分析単位はインフラだけだというわけである．
2）例えば伝統芸能におけるそうした徒弟修行を肯定する生田久美子と，それに懐疑的な藤田隆則のやりとり（福島 1995, 415–56）参照．

■文献

Bowker, G. 1994: *Science on the run: information management and industrial geophysics at Schlumberger, 1920–40*, MIT Press.
Denis, J. Mongili, A., and Pontille, D. 2015: "Special Issue: Maintenance & repair in science and technology studies," *Tecnoscienza*, 6(2), 5–16.
福島真人編 1995：『身体の構築学―社会的学習過程としての身体技法』ひつじ書房．
福島真人 2017：『真理の工場―科学技術の社会的研究』東京大学出版会．
福島真人 2022：『学習の生態学―実験，リスク，高信頼性』ちくま学芸文庫．
Fukushima, M. 2016: "Value oscillation in knowledge infrastructure: observing its dynamic in Japan's drug discovery pipeline," *Science and Technology Studies*, 29(2), 7–25.
Knorr-Cetina, K. 1999: *Epistemic cultures: how the sciences make knowledge*, Harvard University Press.
レイヴ, J., ウェンガー, E. 1993：佐伯胖訳『状況に埋め込まれた学習―正統的周辺参加』産業図書, Lave, J. and Wenger, E. 1991: *Situated learning: legitimate peripheral participation*, Cambridge University Press.
Rip, A. 2010: "Processes of entanglement," Akrich M. et al. (eds.) *Débordements: mélanges offerts à Michel Callon*, Presses des Mines, 381–92.
Star, S. 1999: "The ethnography of infrastructure," *American Behavioral Scientist*, 43(3), 377–91.

The Shadow-works in Scientific Practice

A General Introduction

FUKUSHIMA Masato *

Abstract

The purpose of this paper is to provide an overview of the notion of “the shadow-work in science” in this special issue. Studies of infrastructure in STS in these years have shed light on the shadowy side of technology, while the analyses on the topic may end up by a sort of weak techno-determinism. In contrast, the concept of shadow-work has been applied to the types of labors that are relatively invisible and unpaid. Shadow work in science has related to ①infrastructural works that have intrinsic relation to the very infrastructures that STS has been fond of, while a couple of new perspectives such as ②the existence of official evaluation system for it, and ③the relation to actor’s consciousness for the future career. In this paper, we provide four quadrants related to the positive and negative of ② and ③above, showing the most negative case in terms of these criterions deserve the name of shadow-work in science to be discussed in this special issue.

Keywords: Shadow work, Infrastructure, Evaluation, Career, Technical work

Received: January 9, 2024; Accepted in final form: April 14, 2024
* Professor, emeritus, The University of Tokyo; maxiom@jcom.zaq.ne.jp

宇宙科学におけるシャドーワーク問題

福島　真人*

要　旨

一般的にSTS領域において，遺伝子組み換えやナノテクノロジー，気候変動といった比較的人気がある分野に比べ，宇宙科学はそれほど活発に議論されてきたとはいえない．だが，科学のシャドーワークというテーマを扱うにあたって，いわゆるスペース系宇宙科学は非常に興味深い事例を提供する．それはロケット打ち上げを前提とするプロジェクト管理の問題である．他の研究分野における研究管理に比べ，こうしたプロジェクト管理は，単に実験室内でのそれを超えて，理工連携業者との関係，打ち上げに関わる諸リスク要因の徹底排除といった膨大な労力を要求する営為である．他方，近年計画の規模は拡大し，従来の柔軟で迅速なやり方がうまくいかなくなりつつあるという危機感も関係者の間でもたれている．本論考は，ある会合での沸騰する議論を出発点として，なぜこうしたプロジェクト管理が科学のシャドーワークのいわばプロトタイプになるかを詳説する．

1. 科学的実践とシャドーワーク

国際的STSにおいて，遺伝子やナノテクノロジー，地球温暖化といった分野に比べ，宇宙科学はそれほど頻繁に取り上げられる学問分野ではない．この分野が話題に上る場面は，プロジェクトの巨大さ，それに伴う予算規模の拡大，いわゆるビッグ・サイエンス問題（Galison and Hevly 1992）に関わる問題であり（Collingridge 1992），巨大システムを管理するためのシステム・エンジニアリングの働きといった点が議論されてきた（Sato 2007; 佐藤 2019）．また，アメリカにおいて巨大宇宙計画が持つ象徴的な意味を「テクノロジカルな崇高」という点から論じる著者もいる（Nye 1996）．本特集のシャドーワーク論では，この分野は重要な役割を果たすが，それは，巨大プロジェクトの管理という問題そのものがシャドーワークを生みやすいからである．

2. ビッグ・サイエンスの諸相

ビック・サイエンスという表現は，近年では大規模バイオ／生態学系にも使われ，ビッグ・バイ

2024年1月9日受付　2024年4月14日掲載決定
*東京大学・名誉教授，maxiom@jcom.zaq.ne.jp

オロジと呼ばれることもある（Perker et al. 2010）．しかし宇宙科学との顕著な違いは，バイオ系のそれが小規模の研究の総体であり，全体は巨大化するが各ユニットは小回りが利くという点である．タンパク3000計画がその典型で，タンパク質基本構造を3000個解析するという全体目標は，参加研究室に割りふると平均5つほどで，例外は2500個を担った理研のセンターのみであった（福島2017）．

宇宙科学は，天文台を中心とした地上系と，ロケットによって観測機器を打ち上げるスペース系に分かれるが，特に後者は，ロケットを担当する工学系と，観測装置を制作しデータを集める理学系の間の密接な協力が必要である．しかし現実にはこの両者のベクトルは異なる．理学系は高性能の観測装置を積みたがるが，その積載重量や容積には限界がある．予算の限界でロケットのサイズが縮小されると，観測装置もその影響を受け，結果理学系研究者が計画に関心を失い，プロジェクトの求心性が失われる場合もある（スクワイヤーズ2007）．

まだスペース系と地上系では，プロジェクト組織の性質が微妙に異なる．スペース系では，ロケット打ち上げが必須で，それは一部研究機関に集中している．他方地上系は自前で望遠鏡を持てば，それなりの研究が可能になる．

3. プロジェクト管理の光と陰

さて，宇宙科学におけるプロジェクト管理とその軋轢という問題に筆者が注目するようになったきっかけの一つは，宇宙科学研究所（ISAS）と諸協力大学の間の関係について議論する場として設けられた，あるシンポジウムである[1)]．本邦の宇宙科学研究を牽引してきた宇宙研がJAXAに統合され，大学の共同利用機関という形になった点について，他の研究大学との関係を改めて議論するという場であった．

そこで様々な議論が沸騰したが，本特集のシャドーワーク論からいうと，大きくわけて三つの重要なポイントがあった．それらを順次見ていくことにする．

3.1 人材育成

まず一つのテーマとして，近年宇宙科学の周辺で繰り返し論じられているのは，人材育成に関わる話である．プロジェクトの巨大化は，ロケット打ち上げ回数の減少および準備の長期化という副作用を生む．STSでも，NASAプロジェクトの超長期化によって，関係スタッフが不安定な地位に置かれることになり，精神衛生上の問題が深刻化したという研究もある（Golden 1994; Mahoney 1979）．

他方打ち上げ回数の減少は，若手がプロジェクトの実際を直接経験する機会の減少をも生む．実際，過去においては，打ち上げは頻繁で，若手はどこかのプロジェクトに関与することが可能であったという．その機会が失われつつあるという危機感である．

打開策として近年称揚されているのが，学生に超小型衛星を造らせ，それを打ち上げるという方針である．この利点は第一に，超小型であるため，学生がそれを自らの手で行う機会が多いという点．第二に重量が軽いため，重量の制限問題（ペイロード）が厳しいロケット打ち上げにおいて，対応しやすいという点である（中須賀2009; 2021）．

3.2 プロジェクト管理の負担

第二のテーマは，プロジェクト管理の負担問題である．この「プロジェクト」という概念そのものに，一種の社会学的な時代背景がある点を指摘する社会学的研究もある(ボルタンスキー，シャペロ 2013)．現在ではプロジェクト管理という考え方も盛んで関連する学会もあるが，もともとこれはNASAが開発した分野だという点も重要である．

前述した会議で問題になったのは，それに関わる負担の問題である．プロジェクト管理者になると，自分の専門分野とはかなり離れた問題についても目配りが必要になる．またその期間は論文を書けず，しかも管理の経験が，他大学で就職する際に有利に働く訳ではないともいう．

背景にあるのはプロジェクト管理を評価する枠組みが未熟という問題である．こうした評価の目からもれるという現象が，まさに本特集のシャドーワーク的側面だが，科学的実践の特殊性の一つは，多くの分野で論文を執筆すること(のみ)が評価対象となるという現状である．この論文至上主義は分野によって濃淡の違いがあるが，研究組織の運営のように，論文に記載しにくい内容はシャドーワークになりやすい．

実際，科学プロジェクトの管理運営に関して，その労力がどう評価されるかは多くの領域で標準化されているようには見えない．またプロジェクト管理経験が，大学における一般的評価基準に乗りにくいのは，この実績と大学での教員生活との関係が曖昧だからでもある．

実際，宇宙科学でも，理学系だが，工学的な作業を必要とするような分野では，業界内部の評価が微妙に低いという指摘もある(酒向 2022)．それゆえ大学院生に研究をさせる際に，工学的な場面と理論研究的なそれを組み合わせるという努力を行っているという報告もある(金田 2022)．

3.3　プロジェクト失敗の代償

他方，プロジェクトの巨大化は専門的管理技能を要求する．こうした議論が本邦の宇宙科学界隈で真剣に論じられるようになったきっかけの一つは，最新鋭のエックス線解析装置を搭載して打ち上げられたASTRO-H(ひとみ)の打ち上げ失敗である．従来よりもはるかに大型のロケットであったが，発射後コントロールが利かなくなり墜落した．事後検証によると，最大の原因は関係する業者によるデータの入力ミスだとされた(JAXA 2016)．

だがヴォーン(D. Vaughan)のチャレンジャー号爆発事故の調査でも分かるように，こうした技術的なミスの裏には組織論的な問題という背景がある．チャレンジャー号の場合，燃料タンクと本体をつなぐO-Ringというゴム製の部品の硬化による破裂が爆発の直接の原因とされた．しかし実際はこの部品の脆弱性をめぐって，NASAと関連会社の間で長期に渡る意見の食い違いがあり，発射の直前まで担当者が中止勧告をしていたのである(Vaughan 1997)．ASTRO-Hに関しても組織論的な指摘がある．例えばプロジェクト担当者は，プロジェクト管理者(PM)というよりは，研究代表者(PI)的な意識が強く，プロジェクト全体に関する注意が行き届かなかったという指摘である(JAXA 同上)．

もともと宇宙研はロケット打ち上げに際して，理学工学が一体となって対応するという組織的柔軟さがあり，それが戦後日本の宇宙科学の急速な発展に貢献したという指摘も少なくない(Maddox 1993；松浦 2016)．論者によっては，こうしたつながりが近年失われてきたと解釈する人もいる(松浦 同上)．更に，プロジェクト巨大化に対応する新方式が必要だという指摘もある(JAXA 同上)．

3.4　分業論の明暗

こうした問題への解決法の一つとして，諸大学と宇宙研の分業の見直しという声が挙がった．研究所が，様々なプロジェクトを抱えると同時に自前の研究をも行うという現状では，プロジェクト担当の人手が足りなくなるという指摘である．そのため，大学は研究，宇宙研はプロジェクト管理に徹すべしという考えである[2]．

この議論は，構造的には分かりやすいが実現が難しいのは，スペース系宇宙科学において，宇宙研が歴史的に果たしてきた中核的な役割による．そうした歴史により，自前の研究もプロジェクト管理も両方とも，という話になる．とはいえ国際競争という文脈では，打ち上げプロジェクトは巨大化する一方で，NASA，ESAといった巨大組織が打ち上げるロケットの予算規模は最大で本邦のそれより二桁多いというシビアな現実もある．

また近年の国際的大型プロジェクトのように，長期間の計画の末に，予算オーバーその他の理由で結局中止になったプロジェクトの場合，事後検証の過程で，こうした大型国際計画の管理について，かなり深刻な議論が交わされた事例もある[3]

ここで問題になるのが，プロジェクト管理者の育成である．この職種は企業一般では日常化しつつあり，しかももともとこの概念そのものも，NASAが売り込んだものである．だが宇宙科学の場合，組織規模が比較的小さく，理工を超えた柔軟な連携が成果を挙げてきたという前歴もあり，組織的な対応が遅れたという面もある．

4. 議論と結語

この特集でいうシャドーワークとは，基本的に三つの性質を持つ．それは①インフラ的な作業，②評価基準の不在／不備，③個人のキャリア意識である．宇宙科学に関する事例が興味深いのは，ロケット打ち上げにおけるプロジェクト管理の仕事が決して①インフラ的作業には見えないという点である．プロジェクトによっては管理者が前面にでて広告塔的な役割を果たしたりする場合もある．データベースを整備したり，実験動物を管理するといった作業に比べ，ゴフマン（E. Goffman）風に言えば，むしろ「舞台上的」な行為に見えなくもないのである．

プロジェクト管理問題の特異性は，そうした一見華やかな見かけがありつつ，②評価基準，③キャリア意識との関係で陰の部分もあるという点である．その責任の重大さに比べ，それを学術的文脈で評価する仕組みも，キャリア形成のためのコースもあまりはっきりしていない．その状況が様々な不満や批判の温床になっているように見えるのである．

科学が巨大化するということは，それを管理／運営する能力も研究者に要求されることを意味する．実際，特定の専門職において，その主要目的とは一見関係ないような能力が要求される場合も少なくない．不動産業務にやたら詳しい，外来部門の精神科医や，ニューロン研究のため，世界で初めてヤリイカの養殖に成功した研究者といった事例である[4]．これらを一種の「パラ技能」（周辺的な技能）と呼べば，ビッグ・サイエンスは必然的にある種の経営管理的なパラ技能を要求することになる．

その意味では，こうした管理業務は研究に必須とも言えるが，スペース系宇宙科学プロジェクトの特徴は，その難易度が一気に高まり，片手間では出来ない内容になりつつあるという点である．自らのキャリアのかなり大きな部分をそこに投入する必要があると同時に，プロジェクトの巨大化，複雑化により，カバーする範囲，そして失敗のリスクも巨大となる．

他方現状の評価システムは，そうした努力が十分に評価できる構造になっていない．まさに評価とキャリア意識についてのあいまいさが残る現状では，プロジェクト管理は，複雑な問題をふくむ作業として現れる．これを科学のシャドーワークの一つの典型と考える所以である．

ではどういう改善法があるのか．宇宙科学コミュニティの中では，改善の可能性について，活発な議論が進んでいる．ただし，既に指摘した大規模な制度的改革案は，現実的に可能という印象はない．例えば理化学研究所は，旧科技庁の方針で，時限つきビック・サイエンスプロジェクトを推進する機関としての性格を強めた（福島 2017）．とはいえ，全てのスタッフを特定プロジェクト関係の任期つき研究員にするという政策を全うした訳ではない．

より現実的には，プロジェクト管理業務を正当に評価するという仕組みを作ることだが，障害の一つは論文中心主義の蔓延にある．それは同じ宇宙科学系の研究室においてすら，観測装置等の開発は微妙に評価が低いという現象としても現れる（酒向 2022）．

また大学との関係において，プロジェクト管理の経験といったものをいかすのが難しいという点もある．大学における主要業務に対して，こうした経験がどう評価されるかあまりはっきりしないからである．

長期的にはプロジェクト管理者という専門職の育成というのが現実的な方策で，実際宇宙研中心のイプシロンロケット開発に際しては，同じJAXAでも旧宇宙事業団（JASDA）からの専門家を管理者として採用した．とはいえ，本人の言によると，組織文化の違いは相当なもので，特にシステム・エンジニアリングに関する細則については，意識が大きく違っていたという[5]．

更に宇宙科学を希望する学生にこうした管理業務を教えることも提案されている[6]．とはいえ，いうは易くで，実際にこうした視点を取り入れた学生が研究者として自立するにまだ長い時間が必要である．

巨大プロジェクトにおいて，誰がどう管理し，そこにどういう影の問題が生じるかという問いは，多くの領域に共通する問題である。ここに挙げた事例は，多く重要な教訓を与えてくれるものと期待したい．

■注

1）「大学共同利用を基礎とした，宇宙科学・探査のより良い発展に向けて」https://www.cps-jp.org/~cps/pub/calendar/fy2017/2017-10-20/ (2023年8月1日閲覧)
2）同上会議でのメモ．
3） SPICA (Space Infrared Telescope for Cosmology and Astrophysics) は日本とESAの協力で高感度赤外線望遠鏡を打ち上げる大型計画だったが，ほぼ20年強の紆余曲折を経て2020年に中止が決まった．http://gopira.jp/siryo/spica/gopira_spica_soukatsu_20230315.pdf.（2023年7月29日閲覧）
4）AI研究の応用数学者がよく講演で紹介する事例である．
5）https://www.rocket.jaxa.jp/column/pickupInterview/epsilon_interview.html（2023年8月1日閲覧）
6）例えば「光赤天連シンポジウム―2030年代にどのような戦略的中型計画を推進するのか」http://gopira.jp/sym2022/Discussion_202207.pdf.（2023年8月1日閲覧）

■文献

Bourrier, M. 1996: "Organizing maintenance work at two American nuclear power plants," *Journal of Contingencies and Crisis Management*, 4(2), 104–12.
ボルタンスキー，L.，シャペロ，E. 2013：三浦直希他訳『資本主義の新たな精神』ナカニシヤ出版；Boltanski, L. et Chiapello, E. 1999: *Le nouvel esprit du capitalisme*, Gallimard.
Collingridge, D. 1992: *The Management of scale : big organizations, big decisions, big mistakes*, Routledge.
福島真人 2017：『真理の工場―科学技術の社会的研究』東京大学出版会．
福島真人 2022：『学習の生態学―実験，リスク，高信頼性』ちくま学芸文庫．
Galison, P. and Hevly, B. (eds.) 1992: *Big science : the growth of large-scale research*, Stanford University

Press.
Gieryn, T. 1999: *Cultural boundaries of science : credibility on the line*, University of Chicago Press.
Golden, G. 1994: “On the way to Jupiter: psychological dimensions of the Galileo mission,” *Social Studies of Science*, 24(3), 349–375.
JAXA 2016：「X線天文衛星ASTRO-H「ひとみ」異常事象調査報告書 A改訂」, https://www.jaxa.jp/press/2016/05/files/20160531_hitomi_01_j.pdf.（2022年8月1日閲覧）
金田英宏 2022：「衛星搭載用の観測装置・技術開発 と人材育成」光赤天連シンポジウム『2030年代の天文学と光赤外地上・スペース計画―日本の戦略』, http://gopira.jp/sym2022b/gopira_Kaneda_202209.pdf.（2023年2月5日閲覧）
Maddox, J. 1993: “Recipe for a good research laboratory,” *Nature*, 366(23), 717.
Mahoney, M. 1979: “Psychology of the scientist: an evaluative review,” *Social Studies of Science*, 9(3), 349–75.
松浦晋也 2016：「310億円の失敗から組織管理を学ぶ」, https://business.nikkei.com/atcl/NBD/15/262664/092600128/（2023年4月13日閲覧）
中須賀真一 2009：「インタビュ　メカライフな人々　No22」『日本機械学会誌』112(1090), 751–5.
中須賀真一 2021：「大学における超小型衛星開発の現状と将来」『日本リモートセンシング学会誌』41(21), 287–9.
Nye, D. 1996: *American technological sublime*, MIT Press.
Parker, J., Vermeulen, N. and Penders, B. (eds.) 2010: *Collaboration in the new life sciences*, Ashgate.
Sato, Y. 2007: “Systems engineering and contractual individualism: linking engineering processes to macro social values,” *Social Studies of Science*, 37(6), 909–34.
佐藤靖 2019：『NASAを築いた人と技術―巨大システム開発の技術文化』東京大学出版会.
酒向重行 2022：「大学での装置・技術開発の人材育成」光赤天連シンポジウム「2030年代の天文学と光赤外地上・スペース計画: 日本の戦略」, http://gopira.jp/sym2022b/gopira_Sako_202209.pdf.（2023年2月5日閲覧）
スクワイヤーズ, S. 2007：桃井緑美子訳『ローバー,火星を駆ける―僕らがスピリットとオポチュニティに託した夢』早川書房；Squyres, S. 2006: *Roving Mars: spirit, opportunity, and the exploration of the red planet*, Hyperion.
Vaughan, D. 1997: *The Challenger launch decision : risky technology, culture, and deviance at NASA*, University of Chicago Press.

The Problem of Shadow Work in Space Science

FUKUSHIMA Masato *

Abstract

In contrast with such topics as gene-editing, nano-technology, and climate change, space science has hardly been a hot topic in STS up to present. This said, this area, especially that related to rocket launch, provides a hot topic to every idea of shadow-work in science in this special issue. The focus of our attention is related to project management in such a launch. Compared to managing research process in other areas of science, this type of project management requires the efforts far beyond the confine of laboratory practices, to manage the tight collaboration between scientists and engineers, relations to private companies, and the utmost efforts of risk hedge of whatever kind. Meanwhile, the scale of the projects has grown considerably in these years, which provides growing sense of concern among the participants as to the limit of conventional method that they were proud of its flexible and swift way of moving things forwards in the project. This paper takes an example of a heated discussion among space scientists in a meeting to explain why project management in space science is a good example of what shadow-work in science actually means.

Keywords: Space science, Project management, Rocket launch, Risk management, Shadow work

---

Received: January 9, 2024; Accepted in final form: April 14, 2024
* Professor emeritus, The University of Tokyo; maxiom@jcom.zaq.ne.jp

曖昧化される科学実践の中心―周辺構造

情報工学のシャドウ・ワークの事例より

日比野愛子*，伊藤　京子**

要　旨

本研究では，情報工学におけるシャドウ・ワークがどのように生じているのかを，特に異分野間協働の中で生じうる葛藤に注目して明らかにする．シャドウ・ワークの発生には，1つの分野の中である層に負担が割り当てられるパタンと，異なる分野間で特定の分野に割り当てられるパタンが存在する．情報技術が複数の学問領域に広く普及するようになった現在，情報工学のインフラ仕事の意味や，下請け化への対応をあらためて確認することは重要であろう．7名の情報工学・情報科学研究者に半構造化インタビューを実施し，インフラ仕事の内容と評価，技術・制度の変化，下請け化の回避，コミュニティの創出と縮減，の4点について分析した．全般的にインフラ仕事への負担感は少なく、異分野協働における下請け化の葛藤もほぼないことが特徴であった．これを，情報工学の学術的・組織的な特性，ならびにネットワークが知の正当化に重要な役割を果たすようになった現代科学の変容に注目して考察した．

1．問題

科学実践は，表面に現れる活動を支える多くの基盤的な仕事(以下，インフラ仕事)から成り立つ実践である．例えば，実験を行ったり，論文として成果を産出したり，といった分かりやすい「中心的」活動の周辺には，実験動物・器具・装置の管理や，実験室の運営，データベースの構築，あるいは研究費獲得のための対外的交渉といった様々な活動が存在している．研究活動がグラデーションのような構造をなしている点については以前より指摘があり，例えば，生物実験室を扱ったフジムラのdo-ability論は，実験，実験室，社会的場の三層を取り持つ調整の仕事に言及している(Fujimura 1987)．また近年の情報インフラ論では，データベースの維持や補修など見えない仕事の意味を考察する動きも活発化している(Bowker et al. 2010; Edwards et al. 2013)．これらSTSの先行研究で当事者の認知的側面に踏み込んだ議論は少ないものの，中心と周辺とが強く差異化され，さらにその周辺に割り当てられることが現場の研究者の負担につながることは容易に想定される．

2024年1月9日受付　2024年4月14日掲載決定
*弘前大学人文社会科学部・教授，ahibino@hirosaki-u.ac.jp
**京都橘大学工学部・教授，大阪大学大学院情報科学研究科・特任教授，ito.kyoco@gmail.com

なおシャドウ・ワークといえば，賃労働の補完物としての無償労働を意味するイリイチの定義が存在するが(松村 2024)，本稿では科学のインフラ仕事の中でも外的評価がなく，かつ担い手の負担感が顕在化している仕事をシャドウ・ワークとして議論を進めたい(福島 2024)．

中心―周辺構造という観点から整理すると，シャドウ・ワークの発生には，1つの分野の中で中心―周辺構造が生じ，ある層に周辺的仕事が割り当てられるパタンと，異なる分野での対応関係の中で特定の分野に周辺的仕事が割り当てられるパタンの大きく二つが存在する．科学のシャドウ・ワークとして分かりやすいのは，前者のカテゴリーに属するものであろう．例えば，生物学実験室技官の研究などは，生物学という同一分野内での役割(そしてその職業社会化)を扱っている．一般に近年の科学は研究チームのサイズが大きくなっていくと同時に官僚化(階層化)が進み(Walsh and Lee 2015)，それがゆえに新規参入者のキャリアパスが研究活動の上位(中心)に接続しにくい問題が指摘されている(Milojević et al. 2018)．すなわち，実験室／チームの研究で補助的役割として参与する大学院生や若手研究者が，その後に実験室主催者(PI)に達する経路がほぼなく，初期キャリアの補助的役割が継続してしまう問題が生じている(Sigl 2016；Milojević et al. 2018)．これも，同一分野内での階層にかかわる話題である．

さてシャドウ・ワークの発生のもう一つのパタン，すなわち異なる分野の協働場面で特定の分野が周辺的仕事を割り当てられるパタンについては，実験装置(リサーチテクノロジー)の研究がしばしばその負担に言及している．例えば，ナノテクノロジー領域では，生命医学と工学が協働する際に装置改良を担当する工学関係者がある種の下請け的な役割を引き受けることもある(Shinn 1998；Joerges and Shinn 2001)．先に述べた分野内シャドウ・ワークの発生と異なり，こちらの分野間シャドウ・ワークは，周辺的(下請け的)役割が求められる層も専門性を持ち，両者の関係性が上下の階層として固定化しにくいという特性がある．

こうした図式を踏まえると，本稿で考察の対象とする情報工学・情報科学(information and computer science；以下情報工学)は，情報システム等，研究の成果物を利用するアクターが他分野・他業種にも存在することから，分野間シャドウ・ワークに巻き込まれやすいと想定される．あるバイオインフォマティクスの共同研究事例ではこうした下請け化にかかわる問題が表出しており，データベースに道具としての簡便さを求める生物学コミュニティと，システムのクオリティ向上を求める情報工学コミュニティとの摩擦が描かれている(Lewis and Bartlett 2013)．ただし，情報工学と他分野(特に生物学)との関係性を扱うSTS研究は，画一的な下請け化のモデルを当てはめるのではなく，むしろ両者が互いに類似性を高めていく過程(Chow-White and Garcia-Sancho 2011)や，協働による正当化の成功例(Hine 1995)に焦点化する研究も多い．情報技術が複数の学問領域に広く普及するようになった現在，負担の実態ならびに中心―周辺構造の現れ方をあらためて確認することは重要であろう．情報技術が広く普及する中で，情報工学分野が他分野の下請け的作業を引き受けるような問題が先鋭化するのか，あるいは解消するのかといった点が注目される．

以上を踏まえ，本稿では，研究者へのインタビューをもとに，情報工学におけるシャドウ・ワークがどのように生じているのかを，特に異分野間協働の中で生じうる葛藤に注目して明らかにする．1)情報工学研究にいかなるインフラ仕事があり，いかなる負担感，外的評価が生じているのか(インフラ仕事の類型と評価)．2)技術や制度の変容とインフラ仕事の変容はどのように対応しているのか(技術・制度の変容)．3)情報工学コミュニティは異分野との接点で生じうる活動の負担をどのように回避しているのか(下請け化の回避)．4)コミュニティの発展とインフラ仕事にはいかなる関係があるか(コミュニティの創出と縮減)．これらについて整理し，情報工学という場の特性や実践の変容を考察する．なお3.1節で後述するように，情報工学と情報科学の間に明確な境界区分を引くのは難しい．本稿では簡便のため対象領域の名称を「情報工学」に統一するが，実質的には「情報工学・情報科学」を対象とし，これを専門とする研究者の語りを扱っている点に留意されたい．

2. 方法

2021年6月から2023年7月にかけ，7名の情報工学系(情報工学・情報科学)の研究者に半構造化インタビューを実施した．インタビュー協力者7名のうち6名が男性，1名が女性であり，いずれも大学に所属している常勤の研究者であった．インタビューは，第一筆者と第二筆者が分担して行い，協力者の承諾を得て録音とトランスクリプトの作成を行った．インタビュー対象者の選定について，第一段階では，キャリア(若手，ベテラン)と専門[1]の観点から多様な属性をカバーすることを考慮した(計4名)．第二段階では，第一段階の調査で示されたインフラ仕事の詳細を確認すること、ならびに、より異分野との接点に関する研究の情報を得ることを狙いとしてインタビューを実施した(計3名)．

情報工学内の専門の多様性や研究者人口の大きさ[2]から鑑みると，本稿のインタビュー調査はインフォーマントの数が少なく，あくまでパイロットスタディとして論点の広がりを確認したものという限界がある．結論部で述べる通り，結果を踏まえた実証調査(質問紙調査等)につなげていくことが期待される。ただし第二筆者は自身が情報工学の専門家であり，第一筆者も情報工学にかかわるプロジェクトの調査経験や(当事者としての)参加経験があり，そうした参与観察資料等も分析の土台としている．

3. 情報工学のシャドウ・ワーク

3.1 対象領域の概要

本研究が対象とする情報工学は，情報技術に関する研究，ならびに，情報技術を利用した応用研究を含む，広範な学術領域である．情報工学と称される場合には技術に重点が置かれる一方，情報科学と称される場合には，情報の性質や処理を解明するサイエンスとしての性質が強くなる．ただし，日本の場合，大学機関の学科名称が情報工学となるか，あるいは情報科学となるかは，その学科が置かれた状況によって決定されている側面も強く，情報工学と情報科学の区分は必ずしも固定的ではない[3]．情報工学は，英語ではICS(information and computer science)との対応がよいとされており，ほかIST(information science and technology)，CSE(computer science and engineering)，といった英文の領域名が対応することからも，当該領域では工学的立場と科学的立場の両者が連続的につながっていると捉える方が適切である．

3.2 インフラ仕事の類型と評価：リペアの楽しさ

聞き取り調査において，インフォーマントが「研究における基盤的な活動」として言及した具体的ワークを抽出し，6つのカテゴリーに類型化した(表1)．このうち，情報工学に顕著と考えられるのが「研究環境の維持」(A)，「大型機器プラットフォーム」(B)，「手法整備」(C)である．「研究環境の維持」には，ネットワーク管理やサーバー管理など，主に研究室のレベルで研究を遂行していくための環境整備が含まれる．「大型機器プラットフォーム」は，集積回路設計センターの運営など，分野のレベルで基盤を整えるより大がかりな活動が含まれている．「手法整備」はソフトウェア領域の研究者がしばしば言及しており，統計解析パッケージの開発などが含まれる．他方，別の

表1　インフラ仕事として言及された活動

カテゴリー	具体的活動
A. 研究環境の維持	ネットワーク管理，サーバー管理，計算機管理，装置購入
B. 大型機器プラットフォーム	集積回路設計センターの運営，スパコンの管理運営
C. 手法整備	ソフトウェアの開発，計算パッケージの開発・維持，リアルデータの収集
D. 学会運営	会議開催，学会内プロジェクトの企画
E. 対外的活動	人脈づくり，社会人教育，政府動向の把握，企業ヒアリング,新団体の設立，アウトリーチ
F. その他	事務仕事，論文査読，研究費審査，省庁等の委員会活動

表2　外的評価と負担感によるインフラ仕事の整理

	負担感あり	負担感なし
外的評価あり	A：計算機管理 E：新団体の設立 F：研究費審査 F：委員会活動	A：ネットワーク管理 C：ソフトウェアの開発 C：計算パッケージの開発・維持 D：学会運営 E：人脈づくり E：社会人教育 E：アウトリーチ F：委員会活動
外的評価なし	A：ネットワーク管理 A：サーバー管理 A：計算機管理 B：集積回路設計センターの運営 B：スパコンの管理運営 D：学会運営 F：事務仕事	A：ネットワーク管理 A：サーバー管理 A：計算機管理 A：実験装置の維持管理 C：リアルデータの収集 D：学会運営 E：人脈づくり E：政府動向把握 E：企業ヒアリング F：論文査読

分野にも共通すると考えられるのが「学会運営」(D)，「対外的活動」(E)，「その他」(F)である．組織化に関する活動のうち，学会コミュニティに関するものを「学会運営」，学会以外のアクターとの連携・交渉に関するものを「対外的活動」と整理した．

福島(2024)の示す枠組みに依拠すると，インフラ仕事は，当人にとって負担感があるか／ないかの軸，ならびに，その活動を他者が評価する外的評価があるか／ないかの軸の二軸で整理できる．報告されたワークを話者の判断に即して整理した(表2)．なお他者のエピソードとして間接的に言及されたワークも分析に含めている．また外的評価が明確に確立していた例はなかったため，「人事にすこしは反映されているようだ」，「評判に結びつくようだ」など，他者からの評価付与(地位，賃金，謝意，評判)がすこしでも存在すると推定されているワークを「評価あり」に分類している．また，同じワークに対して異なる評価が下されていた項目は，評価揺れをそのまま掲載している[4)]．

インフォーマントに共通していたのは，「ほとんどのインフラ仕事は研究とつながっている」という認識であり，そのためもあって，多くのワークは負担感がない(納得があるもの)として報告されていた．心的負担が大きく，外的評価も存在しないという仕事は，ほとんど報告されなかった．負担感のある仕事は，むしろ大学(所属機関)における教育や管理運営にかかわる領域で発生するという回答も多かった．本稿では科学実践の周辺的活動に焦点化しているため，所属機関の業務負荷には深く言及しない．ただし，日本の大学で教育，管理運営の増大が構成員の研究時間を圧迫している問題は深刻化しており(文部科学省科学技術政策研究所，2015)，別途検討が必要である．

研究環境の維持(A：ネットワーク管理，サーバー管理，計算機管理)は，特に個人間での評価の振れ幅が大きく，負担の有無，外的評価の有無について，多義的な評価がなされていた．自分の研究室の範囲内では問題ないが，職場で求められると負担が増す(シャドウ・ワーク化する)という報告も多かった．概して，ネットワーク管理，サーバー管理の負担は，話者が現在進行形で直面しているシャドウ・ワークというよりは，間接的に聞き及んだ過去の事例として言及されていた点には注意したい．すなわち，個人によって評価が異なるのは勿論のこと，同じ話者が昔と現在で状況が変わったことを述べていた(3.3 で後述)．

聞き取りの中で特徴的であったのは，手法整備(C)や，環境維持(A)の活動が楽しいという言及である．特にアプリケーションの開発，サーバー管理の項目でそうした言及が見られた．具体的には，プログラムのバグ取りや，システムが更新された際の関連パッケージの更新作業，エラーが出た際の対応等である．これらは情報インフラの先行研究で指摘されている，典型的なリペア(維持・補修)である．うまく機能して当然という期待のもと継続される不可視化された作業であるため，一見，負担の大きいシャドウ・ワークにもなりやすいと考えられる．しかし，インフォーマントの語りによると，こうした作業は楽しい側面があり，「ついやってしまう」ものだという．あるインフォーマントは，プログラムコードのバグ取りについて，確かに時間的な負荷はかかっているのかもしれないが，つい長くやってしまう面もあり心的負担感は比較的小さいと話していた．また別のインフォーマントは，情報解析の前段階で必要となる，地道なデータ収集とクリーニングの作業について，院生がいない時に自身が行う必要があるが，それは勉強になるとも語っていた．環境維持のための作業がシャドウ・ワークとならないのは，他分野で必要とされるインフラ仕事と異なり，維持・補修の結果が当人にはむしろ見えやすいためではないかと考えられる．

3.3 技術・制度の変容

情報工学において活動の負担感が少ないのは，技術の進展にともない，分掌が曖昧な状況が解消されていったことにもよると考えられる．中でもサーバー管理は，情報工学の実験や研究そのものと直結する．情報工学者にとっては自研究室の範囲内で行っている分には研究にも貢献するし，負担も少ない．しかし例えば所属機関までに範囲が拡大し，管理を任せられることで負担が増えるようなケースも以前はあったという．ただし同時に，以前はそうした管理活動が大学内評価に反映されるケースもあり，外的評価を通じたシャドウ・ワークの解消が実現していた．現在では，大学に情報インフラを管理する機関ができ，作業ができる一部研究者への負担が集中することは見られなくなったという．

前述の通り，今回のインタビューの範囲では，ほとんどのインフラ仕事は負担がないものとして報告されていた．その中でも唯一例外であったのが集積回路設計センター運営の事例である．ハードウェアに関する研究では，研究用の半導体を設計する必要がある．一つ一つ異なる集積回路の設計・製造を個別に外部(民間)に委託すると費用がかさむこともあり，研究のコミュニティ内部で設計データからの半導体製造をサポートする基盤的なセンターを整える必要があった．しかしその運営には多くの労力が必要となるため，運営を担当する研究者のキャリアをどのように担保するかが議論されたという．この集積回路設計センターの事例は，分野全体にとって必要であるものの，一部の研究者個人にコストがかかってしまうという，典型的なインフラ形成のジレンマ(Fukushima 2016)である．この問題は組織的な対応がなされたものの，半導体分野への政策的注視が変容する際には再問題化も想定され，シャドウ・ワークは潜在的に継続しているともいえる．

3.4　下請け化の回避：中心—周辺の無効化，あるいは逆転の可能性

当初想定していた，異分野協働における周辺的仕事の割り当て(下請け化)の報告は少なく，少数の報告があったとしても「負担である」という言及は出てこなかった．システム開発やコード生成の補助作業，またデータベース構築といった地道な作業も何らかのかたちで業績に反映されるというのが表に出ている理由であった(例：セカンドオーサーでの業績)．しかし，実験装置を扱うリサーチテクノロジストたちが，仮に業績につながるとしても補助的作業の割り当てを忌避していた事例と比較すると，情報工学でのこうした語りはやはり特徴的といえる．

情報工学者が下請け化を回避できている理由には複数の背景が考えられる．第一は，手法の地位の高さである．伝統的な自然科学においては，理論が優位でありその下に実験・観察があるという図式が置かれやすく，そのことが装置開発(リサーチテクノロジー)に携わる研究者の地位の低さをもたらすことにもつながりうる．しかし，情報工学・情報科学においては手法開発と理論が直接的に結びついている．インフォーマントの説明によると，複雑なデータに対しては精度と計算効率を両立するようなモデルやアルゴリズムの開発が重要であり，モデル構築には理論的な検討作業も含まれている．分野内で理論家(アルゴリズム開発)と応用を行う研究者という構成が現れるケースもあるようだがその構成は可塑的であり，ごく少数の理論家と大勢の応用者からなるサブ領域もあれば(例：機械学習)，そもそも理論自体がニッチであり後継者・フォロワーがほぼ存在しないサブ領域もある．

下請け化回避の第二の理由として，論文中心主義の薄さが挙げられる．情報工学領域では技術が進展するスピードが速い．査読を経た学術誌での研究発表は勿論評価されるが，学術誌での発表は，技術の公表という観点では時間がかかりすぎてしまうという事情もあり，国際学会の発表や社会実装も評価の対象となるという．他の自然科学——化学や生物学でも，重要物質の発見や現象のメカニズム解明は激しく争われる．ただしこうした分野は，論文発表が競争の主戦場であることで中心—周辺が強く差異化されるのに対し，情報工学では発表のチャネルが複数あるため，研究活動の中心(論文)と周辺(それ以外のインフラ的仕事，補助的役割)が連続的なものとして認知される可能性がある．後者を担当する場合の葛藤も比較的弱いのではないかと考えられる．

下請け化問題の回避として，第三に，組織文化と自己アイデンティティも関係していることが考えられる．よく知られているように，情報技術の世界はプログラムコードや成果物をシェアするオープンなカルチャーが浸透しており，技術を専有のものと捉えにくい．また行政や産業界とのつながりも多く，対外的活動(E)のようなインフラ仕事が通常の仕事として当然視されている可能性もある．聞き取りの中では，教育こそが主たる活動で，研究やそれに必要な構想探しがシャドウ(基盤)であると報告していたインフォーマントもいた．こうした語りは例外的であるようにも見えるが，構想探しを基盤的だと報告したインフォーマントはほかも複数いたことは注記すべきだろう．先に述べた第二の解釈と併せて，情報工学が社会的なテーマに参入する際には分野の中心と周辺という構造が曖昧化するため，教育(中心)のための研究(周辺)というある種の逆転構造が成り立つのも不自然ではない．

上記と関連して，実践において情報工学者が共同する相手がそもそも複雑な社会事象を扱う分野

であることも中心—周辺構造の曖昧化に関係していると考えられる．インフォーマントらが共同する領域は，環境学，医学，公衆衛生学，犯罪社会学，社会学(社会調査)，マーケティング等であり，いずれも社会的な課題を追求している．こうした中での研究活動の価値は，必ずしも分野内のみでは担保されない．バートレットら(2018)は，近年のビッグデータ研究の特性を検討する中で，生物学と物理学のビッグデータ研究では，既存の学問分野区分の中で正当性を確立できていたのに対し，社会的課題を扱うビッグデータ研究は，知の正当性が確保される場がより拡散的であり，他分野ならびに学界外部にかなり依拠していると指摘している．すなわち，近年の情報工学に望まれる知の達成においては分野／学界内外の区分(とそれとセットの「論文＝中心」)が効力を失い，ネットワークの構築こそが重視される可能性を示唆している．

3.5　コミュニティの創出と縮減にかかわるシャドウ・ワーク

これまでの節では，情報工学においては負担となるインフラ仕事が少ないことを強調してきたが，しかしこれは，情報工学者が日々の活動でまったく負担を感じていない，ということを意味しない．おそらく他分野の研究者とも共通する負担として，学会運営と所属機関の事務処理が報告されていた．前者に関し，特にシャドウ・ワークが顕在化していたのが，立ち上げ時期の活動と，現在の研究者人口の減少にともなう運営の負担である．あるインフォーマントは，出身研究室の指導者が(当時はまだ)新規であった研究室からの研究者輩出を実現化するため民間と協働のセンターを立ち上げ，院生や卒業生が様々なプロジェクトをこなしていた経験をインフラ仕事として言及していた．研究領域が創出される際には，人材が存在するものの就職先が確立されていないという問題がある(若手研究者の人手余り)．このタイムラグを埋めるための種々の活動は，指導者側，あるいは学生側にとって負担となるだろう．逆に現在では，院生や若手研究者の減少による慢性的な人手不足があり，学会運営に困難をきたしているようだ[5)]．従来のSTSにおけるシャドウ・ワーク研究は対象となる科学分野の安定性・継続性を前提としてきたが，インフラ仕事を議論する際には，その仕事の社会システムでの安定性／不確実性に注目する必要があると本特集で吉田が指摘している(吉田2024)．本報告も，科学コミュニティの規模，研究者人口の変動，コミュニティが置かれたフェイズ(創出期，成熟期，縮減期)が，シャドウ・ワークを生成させるという，時系列的視点の重要性を提示するものである．

4.　まとめと展望

本稿では，情報工学におけるシャドウ・ワークがどのように生じているのかを，特に異分野間協働の中で生じうる葛藤に注目して論じてきた．インフラ仕事の内容と評価，技術・制度の変化，下請け化の回避，コミュニティの創出と縮減，の4点について分析した．報告されたインフラ仕事は，研究環境の維持，大型機器プラットフォームの運営，手法整備，学会運営，対外的活動に類型化され，多くは負担がないもの(納得しているもの)と評価されていた点が特徴的であった．評価揺れの大きいネットワーク管理の作業は，人材が希少で評価に反映されていた時点から，技術と制度が変化することでシャドウ・ワークが解消したことが示された．また，異分野協働における下請け化の負担は報告がほぼなく，これに情報工学の学術的・組織的特性が関係している可能性を考察した．また負担が言及された学会運営の事例より，コミュニティの創出と縮減という時系列での変化がシャドウ・ワークと関係する点を補足的に指摘した．

課題として，方法(2章)でも述べた通り，インフォーマントの数が少なく，分野全体の特性を十分にカバーできていないことが挙げられる．本稿で提示した論点をもとに，対象者を増やした質問紙調査の設計等につなげることが展望として考えられる．ただしパイロットスタディから示された重要な点として，異分野間で生じうる仕事の割り当ての負担に関しては，情報工学の学術的・組織的な特性より，論文（＝中心）とそれ以外（＝周辺）という差異化自体が弱く，そもそも下請け化が成立していない可能性を強調したい．すなわち，語りからうかがえる情報工学のシャドウ・ワークの薄さは，研究者個人の認識や，戦略上の工夫によって負担が回避されているのではなく，ネットワークこそが重要となる現代の知の在り方と関係している可能性が考えられる．

■注

1）インフォーマントの専門は，知覚情報処理・データマイニング，デジタル回路の設計，システム最適化，情報ネットワーク・セキュリティ，ヒューマンインタフェイス・インタラクション，地理情報科学，統計モデリングであった．個人の特定につながりやすいこともあり，今回は話者の専門（属性）に注目した分析は行わない．
2）2022 年総務省統計局『科学技術研究調査報告』によると，大学等に努めている研究本務者のうち情報科学分野の研究者は 5071 人とされている．https://www.stat.go.jp/data/kagaku/kekka/index.html（2023 年 12 月 26 日閲覧）
3）総務省統計局『科学技術研究調査報告』において，「情報科学」は 2012 年（平成 24 年）に新たな分野として追加され，自然科学のうち「科学」の下位分野に置かれている．なお，2012 年には，それまで「電気・通信」に含まれていたソフトウェア開発に関する分野が「情報科学」に含まれるようにもなった．「電気・通信」分野自体は従来「工学」の下位分野に設定されており，現在もそこに置かれている．こうした経緯より，制度のレベルでも当該分野を科学か工学のいずれかに分けることが難しい点がうかがえる．
4）インタビューの対象者数が少なく，各項目を報告した人数（言及頻度）も 1 件〜数件にとどまるため数値の情報は割愛する．調査対象のケースを増やし数値情報を得ることで傾向をつかむことも今後の展開として想定される．
5）3.1 節と注 2 でも述べた通り，情報科学という括りでの研究者人口自体は多く，増加している．ただし個別学会（特に既存の学会）での事情は異なると考えられる．本調査のインフォーマントの多くは，若手研究者が増えず，産業界の学会加入者も減少している課題に言及していた．

■文献

Bartlett, A., Lewis, J., Reyes-Galindo, L. and Stephens, N. 2018: "The Locus of Legitimate Interpretation in Big Data Sciences: Lessons for Computational Social Science from-omic Biology and High-energy Physics," *Big Data & Society*, 5(1), 2053951718768831.
Bowker, G. C., Baker, K., Millerand, F. and Ribes, D. 2010: "Toward Information Infrastructure Studies: Ways of Knowing in a Networked Environment," *International Handbook of Internet Research*, 97–117.
Chow-White, P. A. and Garcia-Sancho, M. 2012: "Bidirectional Shaping and Spaces of Convergence: Interactions between Biology and Computing from the First DNA Sequencers to Global Genome Databases," *Science, Technology, & Human Values*, 37(1), 124–64.
Edwards, P. N., Jackson, S. J., Chalmers, M. K., Bowker, G. C., Borgman, C. L., Ribes, D., ... and Calvert, S. 2013: *Knowledge Infrastructures: Intellectual Frameworks and Research challenges.*
Fujimura, J. H. 1987: "Constructing Do-able'problems in Cancer Research: Articulating Alignment," *Social Studies of Science*, 17(2), 257-93.
Fukushima, M. 2016: "Value Oscillation in Knowledge Infrastructure: Observing its Dynamic in Japan' s Drug Discovery Pipeline," *Science & Technology Studies*, 29(2), 7–25.

福島真人 2024：「科学のシャドーワーク――総説」『科学技術社会論研究』23, 9–15.
Hine, C. 1995: "Representations of Information Technology in Disciplinary Development: Disappearing Plants and Invisible Networks," *Science, Technology, & Human Values*, 20(1), 65–85.
Joerges, B. and Shinn, T. 2001: *Instrumentation between Science, State and Industry* (Vol. 22), Springer Science & Business Media.
Lewis, J. and Bartlett, A. 2013: "Inscribing a Discipline: Tensions in the Field of Bioinformatics," *New Genetics and Society*, 32(3), 243–63.
松村一志 2024：「科学の専門職業化とシャドウ・ワーク」『科学技術社会論研究』23, 50–56.
Milojević, S., Radicchi, F. and Walsh, J. P. 2018: "Changing Demographics of Scientific Careers: The Rise of the Temporary Workforce," *Proceedings of the National Academy of Sciences*, 115(50), 12616–23.
文部科学省科学技術政策研究所 2015:『大学等教員の職務活動の変化－「大学等におけるフルタイム換算データに関する調査」による 2002 年，2008 年，2013 年調査の 3 時点比較－』（調査資料–236），https://www.nistep.go.jp/wp/wp-content/uploads/NISTEP-RM236-FullJ1.pdf.（2023 年 12 月 26 日 閲覧）
Shinn, T. 1998: "Instrument Hierarchies: Laboratories, Industry and Divisions of Labour," In the *Invisible Industrialist: Manufactures and the production of scientific knowledge*, Palgrave Macmillan UK, 102–21.
Sigl, L. 2016: "On the Tacit Governance of Research by Uncertainty: How Early Stage Researchers Contribute to the Governance of Life Science Research," *Science, Technology, & Human Values*, 41(3), 347–74.
Walsh, J. P. and Lee, Y. N. 2015: "The Bureaucratization of Science," *Research Policy*, 44(8), 1584–600.
吉田航太 2024：「ダーティワークとシャドウ・ワークの間――廃棄物処理業における主観的価値付けから見た科学のシャドウ・ワークの特性」『科学技術社会論研究』第 23 号，56–62.

The Ambiguated Center and Peripheral in Scientific Practices

The Case of the Infrastructural Work in Information and Computer Science

HIBINO Aiko*, ITO Kyoko**

Abstract

The purpose of this study is to clarify how the infrastructural work practices in information and computer science (ICS) practice have emerged and been solved, especially focusing on conflicts that could arise in cross-disciplinary collaboration. The shadow-work would occur where the supportive work is assigned to the specific academic discipline as well as within same discipline. When information technology has spread widely across multiple disciplines, it is critical to clarify the meaning of infrastructural work in ICS and how to deal with possible subcontracting. We conducted semi-structured interviews for seven researchers and analyze following four issues: evaluation of infrastructural work practices, the impact from technological and institutional changes, avoidance of subcontracted role and shadow work in community creation. This paper discussed the academic and organizational characteristics of ICS and the transformation of modern science in which networks beyond existing boundaries become to be important for the legitimacy of scientific knowledge.

Keywords: Infrastructural Work Practices, Information and Computer Science, Subcontracting, Interdisciplinary Collaboration

Received: January 9, 2024; Accepted in final form: April 14, 2024

*Professor, Faculty of Humanities and Social Sciences, Hirosaki University; ahibino@hirosaki-u.ac.jp

**Professor, Faculty of Engineering, Kyoto Tachibana University and Specially - appointed Professor, Graduate School of Information Science and Technology, Osaka University; ito.kyoco@gmail.com

データ駆動型育種における育種家と統計遺伝学者の協業

シャドウ・ワークの視点から

山口　富子*

要　旨

本稿は急速に進む農業のデジタル化に焦点を当て，その取り組みの一つであるデータ駆動型育種の社会実装における育種家と統計遺伝学者の協業を，シャドウ・ワークの視点から考察する．具体的には，デジタル化プロセスにおける基盤的な作業の特徴とそれらを担うアクターの認識と実践に着目する．本研究では，育種学に関連する論文，スマート農業，データ駆動型農業，データ駆動型育種に関連する政策文書，および2023年7月から12月にかけて実施した，育種学，遺伝育種科学を専門とする7名の研究者を対象とする半構造化インタビューから得られたデータを用いる．調査の結果，実験データの収集やデータクレンジングなど，データ化にともなう多くの基盤的作業を統計遺伝学者が担っていることが明らかとなった．これらの作業は「重労働」であると受け止められている一方で，誰かが担わざるを得ない作業であるとも理解されている．この現状は，農業のデジタル化を進める際，誰がどのようなシャドウ・ワークを担っているのかという視点を持ちつつ，協業における研究者の役割と責任を再確認する必要性を示唆する．

1．はじめに

2014年に「スマート農業実現に向けた研究会」による中間とりまとめが公表された．その後，第5期科学技術基本計画では，日本が目指すべき未来社会の姿として「超スマート社会」というビジョンが示され，スマート生産システムの構築が日本の農業政策の主要な論点の一つとなった．さらに，2020年には「スマート農業推進総合パッケージ」が発表され，これによりスマート農業は社会実装のフェーズに移行している．このように，国のいくつかの施策を柱として，農業のデジタル化が進む．

スマート農業は，ロボット技術や情報通信技術を活用する現場の特長や導入目的に応じて，精密農業，デジタル農業，データ駆動型農業といった異なる名称で呼ばれており，スマート農業の定義について社会的に共通の理解がある訳ではないが，概ね以下のように理解されている．精密農業は「圃場内の生育や収量のバラツキを最小化にし，栽培条件を最適化することを目標とするもの」で

2024年1月30日受付　2024年4月14日掲載決定
*国際基督教大学教養学部・教授，tyamaguc@icu.ac.jp

あり，デジタル農業は「農場内外の多様なネットワークの連携や，それから得られるビッグデータ解析を特徴とするもの」である(南石ほか 2022，32-3)．また，農業者が広くデータを活用することを目的とするシステムは，データ駆動型農業(三輪・日本総合研究所研究員 2020)，農作物や動物育種のスマート化を目指すものは，データ駆動型育種と呼ばれる．このような分類を踏まえつつ，本稿では，スマート農業を包括的かつデータセントリックなシステムへの移行を通じて，農業を変革するものとして広くとらえる．その上で，データ駆動型育種への移行に関わる異なる専門性を持つ研究者の協業に着目し，移行期に生じる研究実施上の相克や調整について，シャドウ・ワークの視点から考察する．

2．問題の所在

まず初めに，データ駆動型育種と呼ばれる生産システムの特徴や，データ駆動型育種への移行に関わる諸課題について確認する．

育種とは「人間にとって有用な動植物，例えばウシやブタ，コムギやイネを，より人間にとって好ましいように遺伝的に改善すること」である(小野木 2017，233)．慣行育種と呼ばれる従来の育種法では，育種家が動植物の形質[1]を観察し，望ましい特性を持つ個体同士を交配することにより動植物を進化させるが．これに対し，データ駆動型育種では，統計学に精通した研究者が育種過程で得られる大量のデータを活用し，数学的モデルや統計解析を用いて動植物の遺伝的改良を行う．具体的には，個別の動植物の形質データや環境データを遺伝子型情報と結び付けるモデルを作り，望ましい遺伝子型を持つ個体を効率的に選抜することや，特定の環境条件に適応した改良品種の開発を目指す(堀ほか 2022)．現在，データ駆動型育種は慣行育種を補完する形で進化しており，より効率的かつ精密な遺伝的改良手法として注目されている．

このように，育種の過程にデータ科学を取り入れることで，品種改良の効率を飛躍的に向上させることが期待されるが，その実現のためには，研究デザインや研究推進上のいくつもの課題を克服する必要がある．例えば，作物のモニタリングによって得られる生体データの蓄積には年数がかかるため，モデルの重要な構成要素である収量や品質に関する栽培データがそもそも不足しているという問題がある(小野木 2017)．さらに，農作物の栽培に関わる研究は，土壌や気象などの環境要因に作用されるという複雑なシステムの解明であるため，栽培に影響する個別の要素をどのように切り分けてデータを収集すべきかという方法論上の課題もある．課題に対応するために，ドローンによる作物の状態をリアルタイムに情報を収集するというシステムも検討されているが，ドローンに何を読ませるのかという前提の整理が必要である(井上・横山 2019)．たとえ研究デザインの構成要素が確定し，ドローンで十分なデータを収集することが可能になったとしても，それを有用な情報として活用するためには，データのクレンジングや解析が不可欠である．しかし，その作業を担う人材も不足している(みずほリサーチ&テクノロジーズ 2023)．

イノベーションをテーマとするこれまでの科学技術社会論研究では，技術システムが変化する際のトランジションの過程や，インフラ構築にともなう課題に焦点を当てて議論を展開してきたが，本稿の議論の焦点は，新しいシステムの導入に関わる異なる専門性を持つ研究者の協業である．データ駆動型育種への移行には，分子生物学，統計遺伝学，育種学，さらには現場で育種に携わる研究者など，多様な専門性とスキルを持つ研究者が関与するが，協業の場においては，認識論的文化の違いが影響を及ぼすと考えられる(Knorr-Cetina 1999)．そうであるならば，認識論的文化の違いがありながらもどのようにして協業を進めているのだろうか．また，その過程で特定のアクターがシャドウ・ワーク的な作業を担っているのではないかという可能性を考察する必要がある.

この問いに答えるために，本研究では，育種学に関連する論文，スマート農業，データ駆動型農業，データ駆動型育種に関わる政策文書，および2023年7月から12月にかけて実施した遺伝育種科学や育種学を専門とする7名の研究者を対象とした半構造化インタビューから得られたデータを用いる.

3．研究の枠組み

科学技術社会論の議論において，研究者の協業という問題は，さまざまな観点から取り上げられてきた．例えば，スターとグリーズマー(S. L. Star and J. R. Grisemer)は，異なる分野の研究者が協業する場を境界面(インターフェース)という概念でとらえ，そこで生じるアクター間の相克や調整の過程を分析している．また，異なる専門分野や文化を持つ集団間で情報や理解を共有するために機能するオブジェクトや概念を「バウンダリーオブジェクト」と呼び，協業のプロセスを明らかにしている(Star and Grisemer 1989)．データ駆動型育種への移行において，関与する研究者は，育種効率の改善を通じて作物の生産性を向上させたり，気候変動に対応できる作物を迅速に育種するというビジョンを共有している．また，異なる領域の研究者がどう連携するのかについても共通の問題意識を持っており,「データ駆動型育種への移行」という計画が,彼らにとってのバウンダリーオブジェクトとして機能しているととらえることができる.

研究者の協業に関連して，フジムラ(J. Fujimura)は，分子生物学的ながん研究が急速に進展した背景には，オンコジーン理論と再生DNA技術が異なる専門分野の研究者によって標準的な手法として受け入れられたことによると指摘している．(Fujimura 1988)．これらが標準的な方法論であるという共通の理解が生まれ，さまざまな研究機関にも浸透した[2]．その結果，分子生物学的ながん研究への予算配分や研究組織体制の整備が進み，分子生物学的ながん研究がさらに発展したのである.

一方で，標準的な認識の枠組みが広く受け入れられたとしても，それらが安定したシステムとして機能するためには，システムに関わる研究者のニーズや専門領域固有のアプローチなどのローカルな文脈を考慮する必要がある．バウンダリーオブジェクトは異なる社会的世界の相互作用を促進するものの,システムの運用や管理はローカルな文脈に大きく依存する．スターとルーレダー(S. L. Star and K. Ruhleder)は,遺伝子研究の研究者用に開発されたカスタムソフトウェアを事例として,情報システムというインフラの運用の難しさをローカルな文脈に見出している(Star and Ruhleder 1996)．スターらの指摘を踏まえれば，データ駆動型育種が社会に実装されるためには，システムを使う研究者の専門領域や作物固有の育種過程に合わせて柔軟かつ個別に対応できるシステムが求められることになる．システムの標準化とローカルなニーズは，トレードオフの関係にあり，研究が進展するためには，標準化とローカルなニーズの均衡点を見い出すことが必要となる(福島2020)．バランスを欠く場合，システムに非効率性が生じると考えられる．この非効率性に関連して，イリイチ(I. Illich)は，過度に効率性を追求する近代社会システムは，その反動として逆生産性を生むと述べている．また，シャドウ・ワークがこの逆生産性を埋める役割を果たすことも指摘している．ここでいう逆生産性とは，産業化にともなって出される産業廃棄物のような第三者にもたらされる不利益ではなく,近代化システムの内側にある非効率性を指す(イリイチ1982)．例えば,スマート農業システムを社会実装することで，農作物の生産効率が向上することが見込まれるが,効率性を維持するためには，育種システムの維持管理やアップデートが不可避となり，そこにシャドウ・ワーク的な作業が介在する可能性がある．本特集号の問題意識に関連づけて述べれば，それが具体的にどのような作業であり，誰が担い，どのように認識されているのかという問いが重要となる．

4．データ駆動型育種の多様なアプローチ

これまで述べてきたように，データ駆動型育種への移行には，育種学，分子生物学，統計遺伝学など，さまざまな専門性を持つ研究者が関与している．中でも育種現場に深く関わる育種家と呼ばれる研究者と，育種過程をデータ化する統計遺伝学者が大きな役割を果たす[3]．本節では，育種家と統計遺伝学者が取り組む研究課題やアプローチに焦点を当て，両者の領域に見られる認識論的文化の違いについて考察する．

4.1　育種家

育種家が取り組む研究課題は，良い品種を作るためにどの交配親を選ぶべきか，またどの形質を重視して作物の選抜を行うべきかなど，将来の作物がどのような品種になるのかを見据えた上で，目の前の作物の選抜を行うことである．育種家にとって重要な問いは，目の前の個体や系統の収量だけでなく，その作物が将来品種として確立される時の平均収量，生育環境による収量の変動や病気への耐性など，遺伝的な特徴が後の世代でどのように現れるのかである（明峰 1965）．しかし，収量や品質の向上には多くの遺伝子が関わるため，目の前にある作物の遺伝型から将来の形質を予測することは容易ではない．「本当にもう目利きですよね，感覚で」というコメントが端的に表しているように，経験，直感に頼りながら，長年作物と向き合い，最適な遺伝子の組み合わせを模索する．育種のスマート化が比較的組織的かつシステマチックに進められているアメリカにおいてでさえ「育種は，やっぱりアート」とアメリカの育種家が語ったそうだが，品種改良の現場では直感がものを言う．

育種過程では，品種改良中の作物に対し「達観評価[4]」と呼ばれる，人間の五感を複合的に用いる評価法が使われるが，これを誰かが代理で行うのは難しいという．それがたとえ，育種家を目指す大学院生であってもである．育種家自身が作物を自分の目で観察し，感じることが極めて重要であり，そこには「見ることによって判断する」という，数値や定量化とは異なる世界が存在する．育種家にとって，経験から培った感覚や直感が，意思決定の際に重要な判断材料になる．

しかも，品種改良は，社会のニーズという抽象的かつとらえにくい事象を育種目標として設定し，進められている（川口 1991）．「適切な育種目標とは何ですか」という筆者の質問に対し，「世の中が求めている形質」という回答が返ってきた．例えば，これまでイチゴの栽培は伝統的に栄養繁殖，すなわち株分けによって行われてきたが，株を手元に置いておくと病害虫の防除などに気を配らなくてはならない．そこで，生産者にとって管理がより簡単である種から育てるイチゴが作出された．また，近年は市場や消費者からイチゴの需要が年中見込まれることから，夏場に採れる品種も開発された．このように，生産者や流通業者，消費者や市場が望む品種を巧みに読み取りながら，品種改良が進められている．さらに，育種家の評価は，完成した品種が市場に流通することに基づいている．よって，育種の過程では，新品種の普及を担う県や生産者，また市場関係者とのコミュニケーションも重視されている．

4.2　統計遺伝学者

データ駆動型育種に関わる統計遺伝学者にとって重要な研究上の問いは，収集したデータを活用してどの遺伝子が植物の生育に影響を与えているのかを明らかにすることである．品種改良の過程で得られる多様なデータを利用し，統計手法や機械学習を用いて育種に関わる要因間の関係をモデル化し，知見を得る．このような研究では，十分な量の栽培データが必要であり，作物の家系や表現型のデータを日常的に蓄積できるシステムの構築も試みられている(岩田 2020)．

約 80 数年前，育種家のハッチンソン(J. B. Hutchinson)は「育種家の勘を客観的な保証におきかえることこそ遺伝学者の任務」という考え方を示した(明峰 1965)．この考え方は今もなお遺伝学者の間で広く共有されており，多くの研究者が勘を数値化するための方法を模索している．既に，カンキツ類の剥きやすさや柔らかさなど，育種家が達観評価していた特性を，機械学習や画像解析を用いて推定する試みが行われている。また，嗅覚センサーと機械学習を用いた匂いのデジタル化も試みられている(林 2022)．さらに，栽培実験では手で計測していた葉の長さや作物の高さを，画像解析やドローン，レーザーを用いて計測する技術の研究も進められている．しかし，勘を数値に置き換えるには，いくつもの技術的な課題が存在する．例えば，お茶の育種においては，品種改良されたお茶の味や特性について味覚センサーを用いて機械で測定する研究が進められているが，経験豊富な官能検査の専門家が区別する 1 点や 0.5 点の微妙な差を現状では味覚センサーで正確に測定することは難しい．香りの評価も同様であり，機械で人間の感覚を完全に再現することは困難である．

さらに，これらの研究において，育種家との協力は不可欠であるが，協力関係を築くことは容易ではない．このような問題は，20 数年前から統計遺伝学者や分子生物学など，量的視点で育種にアプローチしようとする研究者の間で共有されてきた，古くて新しい課題である(日本育種学会 2001)．

表 1　データ駆動型育種に対する多様なアプローチ

	問題意識	研究アプローチ
育種家	・交配親として適切な品種はなにか ・表現型の背後にある遺伝系の特性を明らかにする ・手間や労働を省く方法はないか ・適切な育種目標の設定 ・良い系統を選ぶことだけでなく，その系統がさまざまな場所でパフォーマンスを発揮するか	・育種家としての勘 ・育種とは，捨てる作業．どこまで上手く不要な遺伝子型を捨てられるか ・県単位で品種改良を進める必要があるため，県や生産団体とのコミュニケーションを図る
統計遺伝学者	・栽培データをビッグデータ化する ・収集したデータを用い，どの遺伝子が植物の生育に影響を与えているのかを明らかにする ・育種に関わる膨大なデータから，どのようなデータを抜き出し，モデル化するのか ・データを効率的に収集する方法や，その管理方法	・育種家の勘を客観化する ・ドローンを使って植物の成長のモニタリングをする ・ゲノミックセレクションを用い，DNA情報から将来できる作物の性質を予測し，選抜を行う ・機械学習を用い，画像から作物の特性を予測する ・不要な遺伝子型であっても，そのデータは捨てずに活用する

4.3　統計遺伝学者のワーク

ここまで，データ駆動型育種という技術システムの研究開発において中心的な役割を担う育種家と統計遺伝学者の問題意識や研究アプローチの違いについて述べてきた．協業の具体的な進行状況については，追加のインタビューを通して確認する必要があるが，「長い目で見れば一緒にやらざるを得ない」という統計遺伝学者のコメントから，育種家との協業がスムーズには進んでいないと推察される．

このような状況を踏まえ，次にスマート農業の実現という国の方針を背景に，統計遺伝学者が現場でどのような課題に直面し，どのような調整を行っているのだろうか．そのような場面において，研究者は負担を感じ，周囲からの評価が得られないようなシャドウ・ワークに従事しているのだろうか．

既に述べたように，データ駆動型育種を実現するためには膨大な栽培データを集める必要がある．そのため，試験圃場で研究者がデータを収集するという作業に加え，ドローンを用いて作物の生育状況を記録したり，樹木の直径を計測したりするということが試みられている．

また，これと並行して「レガシーデータ」[5]（古い手書きの記録）をデジタル化し，品種改良に活用する方法が模索されている（小野木 2017）．このアプローチにより，より多くの栽培データが確保でき，データ駆動型育種の実現に一歩近づく．それを実現するために，研究者は次のような作業を担うことになる．これまでの品種改良の記録は，冊子体に残されているものがほとんどであり，そこに記録されているデータには一貫性がない．そのため，これらのデータを活用可能な形式にするためには，データクレンジングが必要である．データクレンジングとは，データの欠損や重複，ノイズ，表記の揺れなどを特定し，それらを分析に適したデータに修正することを指すが，育種に関わるデータの場合，品種名に関連する表記の揺れの特定と，品種名と作物の紐づけ作業がこれにあたる．

冊子に記録されている品種改良の表記の揺れは，北海道から九州までさまざまな気候条件において品種改良に関わる研究が進められていることによる．その結果，同じ作物でも地域によって呼び方が異なることがある．また，育種の初期段階では品種が「関東何号」のような系統名と番号で示されるが，その後の選抜や評価の過程で何度も名前が変わり，最終的に消費者が理解しやすい名前に変更される．

同じ作物に対してさまざまな名前が使われるという状況は，品種改良の記録の整理を複雑にしており，これをデジタル化するためには相当な時間とエネルギーが必要となる．また，冊子に記載されている品種名は，片仮名や平仮名，略語が混在しているため，外部に委託して文字起こしやOCR処理をする場合でも，事前に研究者自身がそれらを解読しなくてはならず，「非常に重たい作業」というコメントが複数の研究者から聞かれた．さらに，このような重たい仕事を終えたとしても，解析した結果が意味のあるものにならないこともあるという指摘もあった．

5．おわりに

最後に，これまで述べた統計遺伝学者の作業が，本特集号のシャドウ・ワークの定義に該当するのか，また育種家はシャドウ・ワークを行っていないのかという点について考察する．確かに，統計遺伝学者が担っている作業は，客観的に見て負担が多いことは間違いない．複数の研究者が「重たい仕事」，「重労働」，「大変な仕事」というコメントをしており，データ化に関わる一連の作業について負担を覚えていることが分かる．加えて，統計遺伝学者が関わる研究の現場では，データクレンジング以外にも，実験圃場でのデータ収集やAIの学習に必要となるデータの収集と蓄積など，負担を感じさせるさまざまな作業が存在する．しかし，これらの基盤的な作業が本特集号のシャドウ・ワークに該当するかどうかについては，慎重に解釈する必要がある．なぜなら，これらの作業は方法論というフレームで学術的な議論が進められており(小野木 2017)，研究業績として一定の評価を得ているからである．

一方で，少し離れた視点からこの問題を考えると，研究者がデジタル化の基盤的作業に時間とエネルギーを費やしているということ，また協力すべき相手である育種家との協業を進めるためにさまざまな調整が行われているという現状を踏まえると，このような作業が統計遺伝学者が目指す本来の研究の進行を遅らせてしまう可能性がある．これらは，国が目指すデータ駆動型育種の進展そのものにもブレーキをかける可能性があり，ここにイリイチが指摘した逆生産性の現象を見出すことができる．本研究では十分に検討できなかったが，育種家は必ずしも統計遺伝学者との協業が必要であると受け止めていないという指摘もあり(河野 2002)，国のイノベーション政策の一環として協業が求められる場合，育種家は他領域の研究者らとの協業そのものを負担に感じるということも想定される．

データ駆動型育種への移行には，多様な専門性を持つ研究者の協業が求められる．国外では，農学にとどまらず工学，情報科学など，農学以外の分野の研究者を巻き込む学際研究の体制が存在する(二宮 2020)．協業において，誰がどのようなシャドウ・ワークを担っているのかという視点を持ちながら，異なる専門性を持つ研究者の役割と責任を再確認する必要がある．

■注

1）形質とは，生物の性質や特徴を指す．
2）フジムラはこの状態をバンドワゴンと呼ぶ．
3）「育種家」とは，大学，研究所，農業試験場などの機関に所属する人や，種苗会社などの民間事業者や個人の農園で品種改良を行う人を指すが，本稿ではより狭い定義を用い，大学，研究所，試験場などで品種改良の研究開発に従事する人を育種家と呼ぶ．
4）「達観評価」とは，育種家が品種の特性や性質を直感的に評価することを指す．長年の経験や洞察力に基づき，望ましい性質を持つ個体を選別するための重要な手法である．色合いや香り，味，触り心地など，定量化が難しい項目の評価に用いられる(林 2022)．
5）育種や品種改良の文脈で用いられる「レガシーデータ」という言葉は，過去の育種プロジェクトで収集されたデータや古い品種改良の記録を指す．これらは貴重な情報源ではあるが，古い形式や古いシステムで保存されているため，データクレンジングが必要となる．

■文献

明峰英夫 1965：「育種と育種学のあいだ」『育種学最近の進歩第6集』日本育種学会，75-82.
福島真人 2020：「データの多様な相貌――エコシステムの中のデータサイエンス」『現代思想』9(48), 64–73.
Fujimura, J. H. 1988: “The Molecular Biological Bandwagon in Cancer Research: Where Social Worlds Meet,” *Social Problems*, 35(3), 261–283.
林篤司 2022：「用語解説　官能評価・達観評価」『知識と情報』34(4), 123.
堀清純，若生俊行，岩田洋佳，清水徳朗，磯部祥子，関根大輔，石本政男 2022：「データ駆動による品種開発の効率化―第2期SIP成果の社会実装へ向けた取り組み―」『育種学研究』24(1), 70–74.

井上吉雄，横山正樹 2019:「解説ドローンリモートセンシングによる農地の分光画像・3D情報計測―スマート農業に向けたG空間情報計測―」『精密工学会誌』85(3), 236-242.
イリイチ，I. 1982: 玉野井芳郎，栗原彬訳『シャドウ・ワーク――生活のあり方を問う』岩波書店；Illich, I. *Shadow Work*, Marion Boyars, 1981.
岩田洋佳 2020：「データ駆動型で行う植物育種とその可能性」『グリーンテクノ情報』16(3), 14-19.
川口數美 1991：「農業の研究に思うこと」『農業技術』46(9), 412-415.
河野和男 2002：「Ambitious and Audacious ――育種家に何ができるのか？」『育種学研究』4, 13-23.
Knorr-Cetina, K. 1999: *Epistemic Cultures*. Harvard University Press.
小野木章雄 2017：「育種と統計とデータさきがけ」『オペレーション・リサーチ』62(4), 233-238.
三輪泰史，日本総合研究所研究員 2020：『図解よくわかるスマート農業――デジタル化が実現する儲かる農業』日刊工業新聞社.
みずほリサーチ＆テクノロジーズ株式会社 2023：「デジタル時代の人材育成施策に関する調査」，https://www.meti.go.jp/meti_lib/report/2020FY/000248.pdf.（2024年1月10日閲覧）
南石晃明 2022：『デジタル・ゲノム革命時代の農業イノベーション』農林統計出版株式会社.
日本育種学会 2001：「メール討論会――育種と育種学の狭間について考える」『育種学研究』3(4), 241-249.
二宮正士 2020：「育種とAI――育種家はAIとどうつきあうか」『育種学研究』22, 58-61.
Star, S. L. and Griesemer, J. R. 1989: "Institutional ecology, 'translations' and boundary objects: Amateurs and professionals in Berkeley's museum of vertebrate zoology, 1907-39" *Social Studies of Science*, 19(3), 387-420.
Star, S. L. and Ruhleder, K. 1996: "Steps toward an ecology of infrastructure: Design and access for large information spaces," *Information Systems Research*, 7(1), 111-134.

Collaboration of Plant Breeders and Statistical Geneticists in Data-Driven Breeding

A Shadow Work Perspective

YAMAGUCHI, Tomiko *

Abstract

In the context of the accelerated digitalization of agriculture, this paper examines the collaboration between plant breeders and statistical geneticists in the transition to data-driven breeding from the perspective of shadow work. It specifically highlights the infrastructural work associated with the digitalization process and the actors responsible for these tasks. The research, which draws on a variety of textual materials and interviews with seven scientists, reveals that statistical geneticists are primarily responsible for the labor-intensive digitization tasks, such as experimental data collection and data cleansing. These tasks are perceived as "heavy labor," yet they are recognized as essential work that must be undertaken. This nuanced situation calls for the identification of the actors engaged in the shadow work and the elucidation of the manner in which they perform it, with a view to reevaluating the roles and responsibilities of collaborating researchers.

Keywords: Digitalization of agriculture, Data-driven breeding, Collaborative research

Received: January 30, 2024; Accepted in final form: April 14, 2024
* Professor, College of Liberal Arts, International Christian University; tyamaguc@icu.ac.jp

法科学のシャドウ・ワーク

鈴木　舞*

要　旨

本論考では，法科学のインフラ的活動に着目し，誰がそれを評価するのかによってインフラ的活動がシャドウ・ワークとなる場合があることを分析した．犯罪の証拠資料を科学的に分析する科学鑑定は法科学ラボラトリーで実施されているが，法科学ラボラトリーではそれ以外にも様々な活動がなされている．特に科学鑑定の信頼性を担保するために品質保証に関わる活動が数多く行われ，膨大な文書が作成され，それに基づいて監査が実施されている．科学鑑定を下支えするこうした活動は非常に重要であるものの，職員の業務を圧迫したり，職員間の不信感や分断を生み出したりする場合がある．さらに，法科学ラボラトリーで行われている活動について公的な評価基準が存在しない場合があり，業務に対する職員の納得度との関係で，法科学のインフラ的活動は様々な意味合いを持ち，最終的にシャドウ・ワーク化する可能性がある．

1. はじめに

様々な社会問題の解決に科学技術が活用される範囲が拡大する中，犯罪に関連する証拠資料を科学的に分析し，証拠資料が何かやその出自を明らかにする科学鑑定は，科学的で客観的な犯罪解決に貢献するとして，人々から多くの期待を受けている．アメリカのテレビドラマであるCSI: Crime Scene Investigationをはじめとして世界各地で科学鑑定を題材とした様々なテレビ番組や映画，小説や漫画などのポップカルチャーが生み出され，そこでは最新の科学技術を駆使して犯人を追い詰める法科学者の姿が非常に華やかに描かれている．

こうした人々の目に触れやすい科学鑑定の側面の一方で，科学鑑定が実施されるラボラトリー（以下，「法科学ラボラトリー」とする）では，しばしば調査対象者が「今日は退屈な作業しかないけど」と述べるような（鈴木 2017），科学鑑定として一般的にはイメージされにくく，これまでほとんど脚光を浴びることのなかった仕事も行われている．

科学鑑定は法科学に基づいて実施されているが，本論考では人々があまり目にすることのない法科学の姿について検討してみたい[1)]．科学には様々な活動が存在し，表に現れる活動を下支えする

2024 年 1 月 30 日受付　2024 年 4 月 14 日掲載決定
*東京電機大学未来科学部・准教授，maisuzuki@mail.dendai.ac.jp

インフラ的活動も行われている．こうした科学の基盤的活動について福島(2024)は，公的な評価が存在するかどうか，本人が納得しているかどうかから4つに分類している．具体的には公的評価が確立し本人が納得しているもの(第1象限)，公的評価が確立していないが本人が納得しているもの(第2象限)，公的評価が確立しているが本人が納得していないもの(第3象限)，公的評価が曖昧で本人も納得していないもの(第4象限)の4種であり，特に第4象限がシャドウ・ワークとされている．後述するように法科学に関しては，インフラ的仕事が多く，その中でも公的評価との関係でシャドウ・ワーク化しうるような活動が存在している．

2. 科学鑑定・論文作成・品質保証

法科学ラボラトリーでは科学鑑定，論文作成，品質保証といった種々の活動が行われている．犯罪現場や被害者や被疑者などの犯罪の関係者から採取された証拠資料は，法科学ラボラトリーに運ばれ，そこでDNA型鑑定や微細物鑑定，足跡鑑定といった様々な鑑定が実施される．鑑定の結果，例えば「被疑者の衣服についていた血液が，被害者のものであるという仮説が極めて強く支持される」，「犯罪現場から採取された塗料は，被疑者の車の塗料であるという仮説が強く支持される」，「被疑者の靴が，犯罪現場の足跡を残したことは確実である」といった形で鑑定結果が鑑定書にまとめられ，警察による捜査や裁判の中で活用される．

多くの科学のラボラトリーの場合，その主な活動目標は論文作成であるが，法科学ラボラトリーの目的は法に寄与するような科学実践であるために，主要な活動は論文作成というよりも科学鑑定を行うこと，鑑定書作成である．しかし，法科学ラボラトリーに対し、ある意味でルーティーン化した科学鑑定のみを行っており，新しい科学的知識を生み出すといった「科学」的活動を行っていないのではないかという批判も寄せられている(Linacre 2013; Mnookin et al. 2011; National Research Council 2009)．こうした批判に対し，法科学ラボラトリーでも，新しい鑑定手法の研究などを行い，その結果を論文として投稿するといった活動も重視されるようになっている．

さらに法科学ラボラトリーでは，証拠資料の鑑定という本質的な活動の一方で，それを支える様々な活動が存在する．その一つが品質保証(quality assurance)であり，法科学ラボラトリーで実施された科学鑑定の結果が信頼できるものであることを保証するために，多様な活動が実施されている[2]．例えば，ニュージーランドの法科学ラボラトリーでは，鑑定が適切に行われたことを保証するために，証拠資料が採取されてから鑑定書が作成されるまで，誰が，いつ，どこで，どのように証拠資料を扱ったのかが，資料に添付されるバーコードで電子的に，かつ法科学ラボラトリー内を資料と共に回る事件ファイルの中に文書として，全て記録される．また，証拠資料の鑑定の際に使用される機器，道具，試薬などが正しく動作しているのかが確認される．例えば，はかりが適切な重さを検知するかどうかや，使っている試薬が正しく反応するかどうかが定期的にチェックされる．さらに，適切な能力を持った人物が鑑定にあたっていることを保証するために，法科学ラボラトリーの職員は定期的にラボラトリー内外のテストやトレーニングを受け，それに合格することが求められていた(鈴木 2017)．

3. 科学鑑定を支えるもの

科学鑑定という活動の背景には，それを支えるための様々な品質保証の活動があるが，こうした品質保証の特徴は，法科学ラボラトリーにおける全ての活動が文書化されているという点である．

実際の鑑定の際に利用されるプロトコルや分析結果の記録，資料の取り扱いの記録，分析に利用するキットをいつ搬入したか，機器や道具や試薬の動作確認の記録，職員のトレーニングの記録，どのような人がラボラトリーに入ってきたかなど，法科学ラボラトリー内で行われている活動のほぼ全てのことが，どのような些細なことでも文書に記録される(鈴木 2017)．法科学ラボラトリーから外に出ていく文書は鑑定書であるが，それ以外にも法科学ラボラトリーで行われている活動を保証するための大量の文書が作成されている．科学のラボラトリーで文書が重要な役割を果たしていることは，これまでも分析されてきたが(Latour and Woolgar 1986)，法科学ラボラトリーとは，膨大な文書業務がなされる現場であるといえる．

こうした膨大な文書業務が行われている背景には，文書に基づいて法科学ラボラトリーの活動がチェックされる監査の仕組みが存在している．ニュージーランドの法科学ラボラトリーでは，定期的に内部監査が実施され，科学鑑定や品質保証のための活動が適切に実施されているのか，特に品質保証のための文書がきちんと作成され保存されているのかが，内部の職員によって確認されていた．さらに，国外の監査組織によっても法科学ラボラトリーの活動がチェックされる．国際的に法科学ラボラトリーの監査を実施している組織としては，ASCLD/LAB(American Society of Crime Laboratory Directors/Laboratory Accreditation Board)などがある．アメリカで設立されたASCLD/LABは1982年からアメリカ国内さらには世界各地の法科学ラボラトリーに監査員を派遣し，法科学ラボラトリーが適切な活動を行っているか調査し，監査をクリアした法科学ラボラトリーへの認定を実施してきた[3]．2016年にASCLD/LABはANAB(ANSI-ASQ National Accreditation Board)に統合されているが[4]，こうした外部監査も，主に法科学ラボラトリーで作成される文書の調査に基づいて実施されていた．

法科学ラボラトリーでは，そこで行われる科学鑑定のインフラ的活動として品質保証が重視され，その一環として大量の文書が作成されそれに基づいて監査が行われているが，こうした品質保証やそれに伴う大量の文書作成業務に対しては，それに関わる職員から様々な意見が聞かれる．

科学鑑定の結果が犯罪捜査や裁判で利用され，人の運命に大きな影響を及ぼすために，多くの場合法科学ラボラトリーにおける品質保証や文書作成業務は，職員にとって重視されている．一方で，大量の文書の作成は不満とまではいかないものの，大変であるといった認識を示す人もいた．

またカナダの法科学ラボラトリーの調査では，品質保証や監査に対して職員がそれを重視しつつも，複雑な感情を持っていることも分析されている．品質保証や監査の中で，職員同士がお互いの活動を監視し合うことになり，不信感の醸成につながったり，職員間の分断が発生しているという(Leslie 2010)．科学の活動に関わる人々は多様であり，科学者以外にもその活動を支える技官や助手などが存在している(松村 2024)．しかし科学者に比べると技官や助手などは論文の著者として記載されることもほとんどなく，「いないもの(invisible)」とされてきた(Shapin 1989)．法科学においても，その基盤的活動を担う人々が存在し，自分たちの業務があまり表に出ないことについて特別な感情を抱いている．例えばニュージーランドの法科学ラボラトリーには，法科学者(forensic scientist)，技官(senior technician)，補助員(technician)，事務員(administrator)などがいたが，それぞれの役割が明確に分けられていた．法科学者は，証拠資料に対して具体的にどのような科学鑑定を行うのかを検討し，技官に対して指示を出す．また，技官によって得られた結果の解釈を行い鑑定書を作成する．大抵の場合，法科学者は得られた分析結果が書かれた文書をオフィスで扱っており，直接証拠資料を扱うことはあまりない．技官の役割は，実際に証拠資料を取り扱い証拠資料の特徴を記録したり，試薬などを使用して分析や観察を行い，その結果を記録することである．補助員は試薬を準備したり機器のメンテナンスなどを行う．最後に事務員は，証拠資料の受け取りや鑑定に関連した文書を入れる事件ファイルの準備，鑑定書の送付などを行っていた（鈴木 2017）．法科学ラボラトリーの主要業務である科学鑑定の責任を担っているのは法科学者であり，鑑定書を作成し裁判などで証言をするのも法科学者である．法科学者以外の職員は，法科学者の指示のもとで分析を行ったり，機器や道具，試薬の準備や確認，資料の受け取りなどを行う人々である．このため，法科学者が表舞台で活動するのに対し，それ以外の職員は鑑定活動において重要な役割を担っているものの，あまり表に出てくることはなく，科学鑑定を支える仕事を担っている．こうした状況の中で，自分たちの生み出した結果を公表するという活動とは切り離されている技官たちが，疎外感を抱いている様子が指摘されている（Leslie 2010）．一方で，法科学の中心的活動を担っている法科学者たちも，品質保証が重視される中で文書と向き合うことがますます多くなり，実際の証拠資料と向き合ったり人々とコミュニケーションをとったりする機会が遮断され，ある意味で科学が脇に追いやられてしまっていることも分析されている（Leslie 2010）．

法科学ラボラトリーで行われる科学鑑定の信頼性担保のために，品質保証は非常に重要な活動であるが，鑑定活動の一方で，品質保証のために様々な文書を作成することは時間と手間がかかると共に，文書に修正が必要な場合，そのための手続きが必要となり，さらに時間と手間を必要とする．また品質保証に伴い行われる監査は文書に基づいて実施されるために，監査の前には文書に不備がないかがチェックされ，そのために多くの時間が費やされる．昨今，様々な組織で外部への説明責任との関係で監査が重視されるようになっているが（パワー 2003），監査のための準備が非常に大変であり，日々の業務を圧迫する側面を持っていることは，例えば大学などについても指摘されている（ストラザーン編 2023）．

4. 公的評価の曖昧さとシャドウ・ワーク化

法科学ラボラトリーでは，そこで行われる科学鑑定のインフラ的活動として品質保証が重視され，その一環として大量の文書が作成されそれに基づいて監査が行われているが，こうした状況に対して実際の業務にあたる人々は様々な認識を持っており，法科学ラボラトリーでの活動はそれがシャドウ・ワーク化する側面も秘めている．前述のように，科学の基盤的活動は公的評価と本人の納得度との関係で第１象限から第４象限までに分類できるが，法科学に関しては，その活動が状況に応じて様々な様相を見せる．

例えば，法科学ラボラトリー内部で考えると，ニュージーランドの法科学ラボラトリーでは全活動のうち一定程度を品質保証に関連した活動に費やすことが規定され，業務に関するマニュアルでも品質保証の重要性が記述され，品質保証に関する研究会が定期的に開かれ職員の参加が求められるなど，品質保証について公的評価が確立しているといえる．一方で職員自身も，品質保証のための活動の重要性は認めているが，上記したように特に文書業務が膨大となり大変であるという認識を持っている職員もいた．また他の法科学ラボラトリーでも，監査によって職員が監視される対象となり相互不信に至ったり，インフラ的活動が重視された結果他の人々とコミュニケーションがとれなくなったり，科学が脇に追いやられてしまうことを問題視している職員もいた（Leslie 2010）．こうした点から，法科学ラボラトリー内部では，品質保証に関する活動について公的評価は存在しているものの，本人の納得度との関係で第１象限と第３象限を揺れ動いているようにも考えられる．

一方で，法科学ラボラトリー外部に目を向けると，また少し違う姿が見えてくる．法科学ラボラトリーでの活動を通して得られた鑑定結果は，その後犯罪捜査や裁判の中で活用される．特に法科学ラボラトリーの活動が評価されるのが裁判であるが，裁判での評価は曖昧な場合が多い．例えば，裁判では科学鑑定を実際に行っている法科学者よりも，法科学とは関係のない論文業績の多い大学の教授の方が信用される場合もある，と述べる職員もいた(鈴木 2017)．また，日本の科学鑑定について，2009年の裁判員制度導入時に，単に有名人であるからといって，専門学会への貢献のない鑑定人の証言が信用されるようになるのではといった懸念が，実際に鑑定を行う人から表明されている(勝又 2008)．実際日本では，科学的とはいえないような鑑定結果も裁判の中で証拠として採用される場合が指摘されており(渡辺 2010；弥永 2014)，また再審事件などで，以前の裁判で活用されていた証拠資料の取り扱いの不備が指摘されるなど，科学鑑定が適切な判断基準に基づいて評価されていない様子も見て取れる．

裁判においては，提出された証拠のいずれを信用するかについてその基準が曖昧で公的評価が確立していないことがあり(ジャサノフ 2015)，法科学ラボラトリーで行われている様々な活動に関して，それらを適切に評価できていない場合があると思われる．法科学ラボラトリーにおける品質保証に関連した活動は，その外部の裁判という視点から見ると，公的評価が明確に存在しているとはいいきれない部分もあり，品質保証を担う人々の納得度との関係から第2象限あるいは第4象限に向かう可能性があり，シャドウ・ワーク化する場合もありうる．

さらに前述したように，近年では法科学ラボラトリーでの活動が本当に「科学」といえるのか，科学の活動の核である研究や論文作成が行われていないのではないかといった批判もなされている．こうした流れの中で法科学ラボラトリーに対する研究や論文作成の要請の動きが加速すると，法科学ラボラトリー内部でも品質保証に関連する業務への公的評価が曖昧になったり，品質保証に対する職員の負担感が増していき，ますますシャドウ・ワーク化が進むといった可能性すらある．

法科学ラボラトリーでの活動は，どの観点からそれを見るかによって多様なあり方を示す．この背景には法科学が一般的な科学とは異なり，法と科学という2つの要素と関連しているという点がある[5)]．様々な観点から評価されるという法科学ラボラトリーの特性上，公的な評価基準が明確ではない場合があり，それによって活動の意味合いも変わってくる．

5. おわりに

科学鑑定の現場は，必ずしもメディアで表現されているような煌びやかなものだけではなく，それを支えるための様々なインフラ的活動が存在している．法科学ラボラトリーで行われている基盤的活動は多様な文脈で多様に評価され，正当に評価されているとはいえない側面もある．その原因は，科学鑑定が法と科学が交わる領域で行われ，その評価に様々な人々が関わっているからである．現在，特に裁判においては法科学ラボラトリーの活動について明確な公的評価基準があるとはいいきれない場合があり，現場の困惑や反発を生むことがある．ともすると，科学鑑定自体よりも論文数の方が評価されてしまうといった事態に陥り，科学鑑定そのものもシャドウ・ワークになってしまうといったブラックな未来も生じるのかもしれない．

こうした問題を解決するためには，法科学ラボラトリーの活動について評価基準を明確化する必要があるだろう．現在は個別の裁判事例の中でその活動が個々に判断されているため，状況や人によって色々な評価基準が採用されている．これを乗り越え，科学鑑定に関わる人々，鑑定を行う人々や鑑定を活用する人々などが協働し，皆で一定の評価基準を定める必要がある．カロンらは，科学技術が関わる様々な問題に関して，専門家，非専門家，市民，政治家などが一堂に会する「ハイブリッド・フォーラム(hybrid forums)」の重要性を提起しているが(Callon et al. 2011)，こうした形も利用することで，法科学ラボラトリーの活動への適切な評価が行われ，それが犯罪という社会問題の解決にもさらに寄与するようになるのではないか.

■注

1）筆者は，2010年8月～2012年3月，2014年7月にニュージーランドの法科学ラボラトリーにて参与観察調査，インタビュー調査，文献調査を行った．本論考はこれらの調査で得られたデータ及びその後の文献調査に基づいている．
2）科学鑑定，特にDNA型鑑定において品質保証が重視されるようになった背景については，リンチ（Lynch 1998；Lynch et al. 2008）にも詳しい．
3）https://www.ascld.org/wp-content/uploads/2014/02/CFSO-Accreditation-Paper-December-2013.pdf
4）https://anab.ansi.org/anab-and-ascld-lab-merge-forensics-operations/
5）法と科学との関係については平田（2020）にも詳しい．

■文献

Callon, M., Lascoumes, P. and Barthe, Y. 2011: *Acting in an Uncertain World: An Essay on Technical Democracy*, The MIT Press.

福島真人 2024：「科学のシャドーワーク—総説」『科学技術社会論研究』23, 9–14.

平田光司 2020：「法と科学」藤垣裕子（責任編集）『科学技術社会論の挑戦2 科学技術と社会：具体的課題群』東京大学出版会，66-84.

ジャサノフ，S. 2015：渡辺千原，吉良貴之監訳『法廷に立つ科学：「法と科学」入門』勁草書房；Jasanoff, S. *Science at the Bar: Law, Science, and Technology in America*, Harvard University Press, 1995.

勝又義直 2008：「裁判所における科学鑑定の評価について」『法科学技術』13(1), 1–6.

Latour, B. and Woolgar, S. 1986: *Laboratory Life: The Construction of Scientific Facts*, Princeton University Press；立石裕二，森下翔監訳『ラボラトリー・ライフ：科学的事実の構築』ナカニシヤ出版，2021.

Leslie, M. 2010: "Quality Assured Science: Managerialism in Forensic Biology," *Science, Technology, and Human Values*, 35(3), 283–306.

Linacre, A. 2013: "Towards a Research Culture in the Forensic Sciences," *Australian Journal of Forensic Sciences*, 45(4), 381–8.

Lynch, M. 1998: "The Discursive Production of Uncertainty: The OJ Simpson 'Dream Team' and the Sociology of Knowledge Machine," *Social Studies of Science*, 28(5–6), 829–68.

Lynch, M., Cole, S. A., McNally, R. and Jordan, K. 2008: *Truth Machine: The Contentious History of DNA Fingerprinting*, The University of Chicago Press.

松村一志 2024：「科学の専門職業化とシャドウ・ワーク」『科学技術社会論研究』23, 49–55.

Mnookin, J. L., Cole, S. A., Dror, I.E., Fisher, B. A. J., Houck, M. M., Inman, K., Kaye, D. H., Koehler, J. J., Langenburg, G., Risinger, D. M., Rudin, N., Siegel, J. and Stoney, D. A. 2011: "The Need for a Research Culture in the Forensic Science," *UCLA Law Review*, 58(3), 725–79.

National Research Council, 2009: *Strengthening Forensic Science in the United States: A Path Forward*, The National Academies Press.

パワー，M. 2003：國部克彦，堀口真司訳『監査社会：検証の儀式化』東洋経済新報社；Power, M. *The Audit Society: Rituals of Verification*, Oxford University Press, 1997.

Shapin, S. 1989: "The Invisible Technician," *American Scientist*, 77(6), 554–63.

ストラザーン，M. 編 2023: 丹羽充，谷憲一，上村淳志，坂田敦志訳『監査文化の人類学：アカウンタビリティ，倫理，学術界』水声社; Strathern, M. (ed.) *Audit Cultures: Anthropological Studies in*

Accountability, Ethics, and the Academy, Routledge, 2000.
鈴木舞 2017：『科学鑑定のエスノグラフィ：ニュージーランドにおける法科学ラボラトリーの実践』東京大学出版会.
渡辺千原 2010：「裁判における「科学」鑑定の位置：医療過誤訴訟を例に」『科学』80(6), 627-32.
弥永真生 2014:「裁判における科学的な証拠／統計学の知見の評価と利用」石黒真木夫, 岡本基, 椿広計, 宮本道子, 弥永真生, 柳本武美『法廷のための統計リテラシー:合理的討論の基盤として』近代科学社, 169-201.

インターネットからの資料
https://www.ascld.org/wp-content/uploads/2014/02/CFSO-Accreditation-Paper-December-2013.pdf.（2024年1月26日閲覧）
https://anab.ansi.org/anab-and-ascld-lab-merge-forensics-operations/（2024年1月26日閲覧）

Shadow Work in Forensic Science

SUZUKI Mai*

Abstract

This paper focuses on the infrastructural activities in forensic science and analyzes how the infrastructural activities may become shadow work depending on who evaluates them. Forensic laboratories conduct scientific analysis of criminal evidence, but forensic laboratories also carry out a variety of other activities. In particular, many activities related to quality assurance are conducted to ensure the reliability of the result of analysis, and a large number of documents are created and audited. Although these activities are very important, they may overwhelm the work of staff members and create distrust and division among them. Furthermore, there may be no official criteria for evaluating the activities carried out in forensic laboratories, and the infrastructural activities of forensic science may take on different meanings and ultimately become shadow work in relation to the staff's level of satisfaction with the work.

Keywords: Shadow work, Forensic science, Quality assurance

Received: January 30, 2024; Accepted in final form: April 14, 2024
*Associate Professor, School of Science amd Technology for Future Life, Tokyo Denki University; maisuzuki@mail.dendai.ac.jp

科学の専門職業化とシャドウ・ワーク

松村 一志*

要 旨

本稿の目的は，科学実践におけるシャドウ・ワークの位置づけを歴史的に検討し，今日の科学が置かれた状況を通時的に捉えるための視点を提供することにある．

イヴァン・イリイチの古典的なシャドウ・ワーク論は無償労働に注目するが，科学の報酬系には業績に対する評価と物財の二系列がある．そのため，科学実践のシャドウ・ワークとは，評価と物財からなる報酬が不十分な労働と定義できる．この点で重要なのは仕事の可視性であり，とくに科学の協力者（技術者や画家）にオーサーシップが付与されにくいという非対称性がある．

科学の専門職業化より前の段階では，科学者と協力者の分業体制が階級やジェンダーなどの社会的属性の境界線によって安定化されていた．専門職業化はこの条件を変更し，徒弟制の論理を持ち込むことで，協力者を科学者共同体の内部から調達することを可能にした．ところが，昨今では科学者のキャリアが流動的になり，報酬が十分かどうかの判断が難しくなっている．このように，何をシャドウ・ワークとするかが著しく不安定化していることに，今日の科学の特徴がある．

1．問題関心

科学の世界には，研究にとって不可欠ではあるが目立たないインフラ的な仕事がある．そうした仕事はしばしば十分な公的評価が得られず，従事する研究者に葛藤をもたらすこともある．それはまたアーリーキャリアの研究者に割り当てられることも多く，今日ではいわゆる「ポスドク問題」の一部を構成している．この種の仕事をシャドウ・ワークと呼ぶとするならば，そこにはいかなる歴史的背景を見出すことができるのだろうか．

科学史・科学社会学の歴史研究では，しばしば研究を陰で支える技術者や助手の存在が指摘されてきた（Shapin 1989；Shapin 1994；シービンガー 2022；Rossiter 1993）．研究活動は科学者が一人で進めるわけではなく，器具製作者や操作者あるいは画家といった人々の協力を必要とする．その意味で，科学は常にシャドウ・ワーク（に類するもの）を伴ってきたとも言えるが，職業科学者が成立することにより，そのあり方も大きく変化したと考えられる．

2024年1月9日受付 2024年4月14日掲載決定
＊成城大学文芸学部マスコミュニケーション学科・准教授，kmatsu@seijo.ac.jp

そこで本稿では，科学の専門職業化という観点から，科学実践のシャドウ・ワークの歴史的な位置づけの変化を検討する．それにより，シャドウ・ワークをめぐる今日の状況を捉えるための通時的な視点を提供したい．

2. シャドウ・ワークとは何か

初めに，科学実践にとってのシャドウ・ワークとは何かを論じておこう．イヴァン・イリイチの古典的なシャドウ・ワーク論はフェミニズムの議論の流れを汲んでおり，家事労働を中心的なモチーフとしている．しかし，これが科学実践にそのまま当てはまるわけではない．

イリイチが注目するのは，産業社会の成立前後の変化である．産業社会の成立以前には，男性と女性がともに家庭を支える自立的な生活を維持する活動に従事していた．ところが，産業社会が成立すると，賃労働とそれを補完する無償労働のセットが成立する．例えば，女性が行う家事，学生たちの試験勉強，会社員の通勤といった作業が賃労働を支えるために要請される．このように，賃労働の成立とともにその補完物（＝影）として生まれた無償労働のことを，イリイチは「シャドウ・ワーク」と呼んだ（イリイチ 1982，192–3）．その特徴は，労働として認識されず，経済的な評価（＝賃金）を得られないことにある．

科学もまた19世紀に進行した専門職業化により，賃労働としての性格を備えるようになった．ただし，上記の「シャドウ・ワーク」概念を科学に当てはめようとすると上手くいかない部分がある．というのも，科学の報酬は賃金に限定されないからである．科学の報酬系には，業績に対する評価と物財（＝資金・ポスト・研究契約など）の二系列がある（松本 2016，83）．このうち，賃金に当たるのは物財の方で，評価それ自体は無償である．

その意味で，科学実践におけるシャドウ・ワークは，単に「無償労働」とするべきではなく，むしろ，「評価と物財からなる報酬が不十分な労働」のように拡張的に捉えた方が良い．ここで「不十分」という主観的判断を含む表現を用いるのは，何をもって「不十分」とするかが状況により変わってくるものであり，「価値振動」の様相を呈するからである（福島 2017；福島 2024a；福島 2024b）．例えば，物財が得られなくとも評価が得られれば報酬として許容されたり，逆に，評価は得られなくとも物財が得られれば許容されたりといった判断の幅がありうる[1]．

では，以上の意味でのシャドウ・ワークは，科学実践においていかなる形で現れる（あるいは現れない）のか．この点を考える上で重要なのが，仕事の可視性（visibility）の問題である．

3. 見えざる技術者，見えざる助手

スーザン・リー・スターとアンセルム・ストラウスは，科学のインフラの一種とも言えるCSCW（computer supported cooperative work）のシステムを検討するに当たり，「見えざる仕事invisible work」を考慮することの重要性を指摘している．

仕事はアプリオリに「見える」あるいは「見えない」わけではなく，特定の文脈の中で可視性や不可視性を割り当てられる．二人はこうした観点から，仕事が不可視化される際のパターンを，①仕事は見えるが従事する人間が見えない状況，②人間は見えるが仕事は見えない状況，③仕事も従事する人間も見えない状況，の三つに分けた（Star and Strauss 1999，15）．

①の例としては，家政婦（家政夫）や用務員の仕事がある．家事代行において家政婦（家政夫）の仕事ぶりはチェック対象になるが，それに従事している人間の姿は雇い主の目には入らない．②の例

としては，看護師や秘書の仕事がある．病院において看護師の存在は目立つが，その仕事内容の大部分は患者の目には入らない．③の例としては，商品の購入や仕事の指標化がある．生産現場から離れた場所で商品を購入するとき，生産者もその仕事も見えなくなる．同様に，企業における資源配分や意思決定の場面では，生産現場を直接見るのではなく，往々にして生産性を定量的に示す間接的な指標を用いることになるが，ここでも具体的な仕事のプロセスが捨象される(Star and Strauss 1999，15–23)．

話を元に戻すと，科学において「可視／不可視」を分けるのは，まずもってオーサーシップ(著者資格)の有無である．その意味で重要なのは，①のパターンだろう．この点については，科学史でもしばしば分析されてきた．その一つが，スティーヴン・シェイピンの指摘した「見えざる技術者invisible technician」である[2]．

シェイピンによると，17世紀イングランドの実験科学では自分の手を動かすことが重視されたが，実際にはロバート・ボイルのような科学者(自然哲学者)が自ら実験を行ったわけではなく，雇われた技術者に実験を任せていた．両者の間にはジェントルマンと非ジェントルマンという階級的な区別も重なるが，技術者には肉体労働や熟練技術が求められるのみで，知識や聡明さは不要とされた．そのため，技術者の名前は原則的に記録には登場せず，予想と違う結果が得られたときのみ，例外的に名前への言及がなされた．こうして技術者の存在が不可視化されてきたのである(Shapin 1989；Shapin 1994，chapter 8)．

これと似ているのが，ロンダ・シービンガーの言う「見えざる助手invisible assistants」である．近代科学の成立過程を通じて，女性は大学やアカデミーといった制度から排除されてきたが，これにより女性が科学に携わる回路は限定された．その一つの表れとして，科学者の家庭の女性メンバー(妻・娘・きょうだい)が，器具の操作やイラスト作成といった科学の補助作業に従事するケースが見られた(シービンガー 2022，125–8)．マーガレット・W・ロシターは，女性科学者の仕事が男性科学者によって覆い隠される現象を「マチルダ効果」と呼んだ．例えば，家庭内の女性協力者の名前が残らない，共同で研究していても結婚すると夫の業績になる，同時発見者がいれば著名な男性科学者の名前だけが残るといった事例がある(Rossiter 1993)．

「見えざる技術者」や「見えざる助手」は，オーサーシップを付与されなかった例に当たる．その意味で，これらは科学者集団における評価が得られず，多かれ少なかれ物財からも排除されているが，この状況が問題視されない限り，先の意味でのシャドウ・ワークとしては経験されない[3]．例えば，「見えざる技術者」は階級的な線に沿って雇用関係が結ばれることで，「見えざる助手」は性別役割分業と組み合わされることで，協働関係を安定化させている．

しかし，この種の分業体制が崩れることもある．例えば，ロレイン・ダストンとピーター・ギャリソンは，18世紀フランスで博物学者(貴族)と挿絵画家が報酬と線画の所有権をめぐって対立した事例を報告している．また，フランス革命後に新設された自然史博物館において，挿絵画家が自然図像学の主任の地位を得て，解剖学・化学・植物学・動物学の教授と同等の地位を得るに至った事例もある．そもそも挿絵画家は図版に署名が入れられ，序文で謝辞を受ける点で，技術者よりも遥かに可視的な存在だが，挿絵画家が博物学者と同等かそれ以上の社会的地位を得ることもあった(ダストン，ギャリソン 2021，71–4)．

このように，科学者と技術者・画家の間には分業体制があり，そこに緊張関係が生じる場合もあった．ただし，以上の事例は17～19世紀が中心であり，現在の科学におけるシャドウ・ワークとは性格が異なっている．最大の違いは，今日では協力者の調達がかなりの程度まで科学者共同体の内部で賄われることである．この背景にあるのが，科学者の専門職業化である[4]．

4. 科学の専門職業化とその揺らぎ

大学教育を受けて博士号を取得し，大学などの研究機関に雇用されて研究・教育を行うという科学者の標準的なキャリアが形成されたのは，19 世紀を通じて進行した科学者の専門職業化によるものである．それまで，聖職者・医師・貴族などの職業や地位を持つ人たちの余暇活動か，もしくはパトロンからの財政援助を受けた活動という性格が強かった科学が，専門分野の研究・教育活動によって大学などの研究機関から俸給を得る職業の一種となった（ベン–デービッド 1974；Kohler 1990；古川 2018，183–7）．

これは，大学という機関が研究大学としての性格を備え始めたことと関わる．それを象徴するのは，実験室だろう．錬金術に代表されるように，18 世紀までの実験は個人の邸宅で行われることが一般的だったが，19 世紀には実験室が大学・研究所などに埋め込まれるようになる（Shapin 1988；Knight 2009，chapter 6）．これに伴い，大学における実験教育も確立していく．ギーセン大学のユストゥス・フォン・リービッヒは，化学分析のノウハウを教え，オリジナルな研究をさせて博士号（Ph.D.）を授与するシステムを作り上げたが，これが今日の一般的な教育法になっている（古川 2018，162–4）．

こうして科学者になるルートが標準化されたが，シャドウ・ワークという観点から重要なのは，協力者を科学者共同体の内部で調達できるようになったことである．「見えざる技術者」や「見えざる助手」の場合，階級やジェンダーといった社会的属性をめぐる境界線を科学者と協力者の関係に重ね合わせることで，分業体制を安定化させていたが，科学者の専門職業化により，こうした社会的属性の利用が原理的には必要なくなる[5)]．すなわち，階級・ジェンダーなどの社会的属性ではなく，科学者共同体における序列を利用する形で，研究活動を支える多様な仕事が分担されるようになる．

このことは，科学者共同体が独自の社会的階梯を持つようになり，徒弟制に近い性格を帯び始めたことを意味している．徒弟制においては，師匠の側が社会的に評価される技能の習得とそれに伴う社会的地位の獲得を保証する代わりに，弟子には技能と直接的に関わらない労働まで分担することが求められる（福島 2022，136–8）．科学の場合にも，学生と教授を両極に持つ研究室ないし業界内部の社会的階梯のもと，学生・ポスドクが雑用に類する仕事を担当することがある．これが可能になるのは，徒弟制に近い前提が成り立っている（ように見える）からである．

ところが，昨今ではこれを支える条件が掘り崩されつつある．最も大きいのは，研究職における有期雇用の増加だろう．1970 年代以降，研究に必要な装置の高度化や研究のスケールの巨大化により，各国で研究開発費が相対的に不十分になり，その結果，終身雇用の研究職が掘り崩され，任期付き研究職の比率が高まったことが指摘されている（ザイマン 1995，13–9, 215–26）．また，巨大科学において顕著なように，期間の決まったプロジェクト単位で研究が組織されるようになると，有期雇用が一般的になる（ラベッツ 2010，76–87）．資金不足はまた，政府機関や民間部門の外部資金を獲得する必要性を高めるが，これによって，研究はよりビジネスライクなやり方で進められるようになり，「説明責任 accountability」の考え方が導入され，論文数を重視する傾向が学生にまで浸透していく（Hackett 1990，266–9）．

こうした変化は，科学におけるキャリア形成を徒弟制のようなものとして見ることを難しくする．科学者になるためのキャリアの理想的なルートは大きく変わっていないが，そのスムーズな実現はかなり困難になった．また，プロジェクト単位での研究の拡大により，新たな補助業務も発生している[6]．ところが，そこには徒弟制のような保証が期待できず，論文掲載のように評価の定まった仕事を除けば，それぞれの仕事がいかなる報酬(評価・物財)につながるかがますます見通しがたくなっている．

したがって，これまでは報酬が問題視されていなかった仕事の多くがシャドウ・ワークとして経験され始める可能性もあるが，逆に，最終的な報酬が見通せないがゆえにシャドウ・ワークとして認識されにくい仕事が発生する可能性もある．その意味で，何がシャドウ・ワークに当たるかの判断が著しく不安定化していることに，今日の科学の特徴がある．

5. 結語

本稿では，科学実践におけるシャドウ・ワークを「評価と物財からなる報酬が不十分な労働」として特徴づけ，科学者と協力者の関係の変化を整理してきた．科学者の専門職業化よりも前の段階では，「見えざる技術者」や「見えざる助手」のように，階級やジェンダーといった社会的属性のラインを科学者と協力者の関係に重ねることで，分業体制を安定化させていた．

科学者の専門職業化は，こうした条件を変更し，協力者を科学者共同体の内部から調達することを可能にした．それにより，社会的属性が原理的には利用されなくなるが，その一方で，分業体制が不安定化する面もある．この問題は，科学者共同体が徒弟制のように見える限りにおいて覆い隠されてきたが，研究者のキャリアが流動化している今日では，何がシャドウ・ワークとされるかが見通しがたくなっている．

科学者共同体の中での補助的な仕事それ自体は存在し続ける．もちろん，徒弟制のような制度はハラスメントの温床にもなりやすいが，仕事を分担するための仕組みとして機能してきた面もある．しかし，徒弟制のようなキャリア形成のモデルを支える条件が掘り崩されている以上，それに代わるモデルの構想が求められている．科学実践のシャドウ・ワークの分布やその変動を調べることは，そのための重要な準備作業になるだろう．

■注

1）ただし，評価と物財は無関係に動くわけではない．業績が皆無であれば資金もポストも得られないように，物財の方はかなりの程度まで評価に依存する．また逆に，物財を保証するからこそ評価が意味を持ってくる面もある．そういう形で，評価と物財は緩やかに連動している．

2）「見えざる技術者」に関連する科学史の包括的なレビューとしては，Morus(2016)がある．

3）当然，報酬が不十分だと本人が感じていないからといって問題がないわけではない．報酬の不十分さへの疑いが生まれない状況が作り出されている方がより問題的だとも言える．

4）職業科学者に関する科学史のレビューとしては，Mody(2016)がある．

5）ただし，科学者共同体における地位達成が社会的属性によって分かれてしまうことはある．科学の専門職業化はミドルクラスの白人男性を中心的な出身母体とするものとして成立したが，これと異なる階級・ジェンダー・人種／エスニシティに属する構成員はしばしば劣位に置かれてきた．

6）実際，科学論文はますますチーム単位で執筆されるようになっている(Wuchty et al. 2007)．その中で，科学者のキャリアは短命化し，筆頭著者を経験することなくキャリアを終える科学者の比率が増加したことも確認されている(Milojević et al. 2018)．

■文献

ベン−デービッド，J. 1974：潮木守一，天野郁夫訳『科学の社会学――現代社会学入門 12』至誠社；Ben-David, J. *The Scientist's Role in Society: A Comparative Study*, Prentice-Hall, 1971.

ダストン，L.，ギャリソン，P. 2021：瀬戸口明久，岡澤康浩，坂本邦暢，有賀暢迪訳『客観性』名古屋大学出版会；Daston, L. and Galison, P. *Objectivity*, Zone Books, 2007.

福島真人 2017：『真理の工場――科学技術の社会的研究』東京大学出版会.

――――― 2022：『学習の生態学――リスク・実験・高信頼性』筑摩書房.

――――― 2024a：「科学のシャドーワーク――総説」『科学技術社会論研究』23, 9–14.

――――― 2024b：「宇宙科学におけるシャドーワーク問題」『科学技術社会論研究』23, 15–21.

古川安 2018：『科学の社会史――ルネサンスから 20 世紀まで』筑摩書房.

Hackett, E. J. 1990: "Science as a Vocation in the 1990s: The Changing Organizational Culture of Academic Science," *The Journal of Higher Education*, 61(3), 241-79.

イリイチ，I. 1982：玉野井芳郎，栗原彬訳『シャドウ・ワーク――生活のあり方を問う』岩波書店；Illich, I. *Shadow Work*, Marion Boyars, 1981.

Knight, D. 2009: *The Making of Modern Science: Science, Technology, Medicine and Modernity 1789–1914*, Polity Press.

Kohler, R, E. 1990: "The Ph.D. Machine; Building on the Collegiate Base," *Isis*, 81(4), 638–62.

松本三和夫 2016：『科学社会学の理論』講談社.

Milojević, S. and Radicchi, F. and Walsh, J. P. 2018: "Changing Demographics of Scientific Careers: The Rise of the Temporary Workforce," *Proceedings of the National Academy of Sciences*, 115(50): 12616–23.

Mody, C.C.M. 2016: "The Professional Scientist," *A Companion to the History of Science*, Wiley-Blackwell, 164–77.

Morus, I.R. 2016: "Invisible Technicians, Instrument-makers and Artisans," *A Companion to the History of Science*, Wiley-Blackwell, 97–110.

ラベッツ，J. 2010：御代川貴久夫訳『ラベッツ博士の科学論――科学神話の終焉とポスト・ノーマル・サイエンス』こぶし書房；Ravetz, J. *The No-nonsence Guide to Science*, New Internationalist Publications, 2006.

Rossiter, M.W. 1993: "The Matilda Effect in Science," *Social Studies of Science*, 23(2), 325–41.

シービンガー，L. 2022：小川眞里子，藤岡伸子，家田貴子訳『科学史から消された女性たち 改訂新版』工作舎；Schiebinger, L. *The Mind Has No Sex?* Harvard University Press, 1989.

Shapin, S. 1988: "The House of Experiment in Seventeenth-Century England," *Isis*, 79(3), 373–404.

――――― 1989: "The Invisible Technician," *American Scientist*, 77, 554–63.

――――― 1994: *A Social History of Truth*, The Chicago University Press.

Star, S.L. and Strauss, A. 1999: "Layers of Silence, Arenas of Voice: The Ecology of Visible and Invisible Work," *Computer Supported Cooperative Work*, 8, 9–30.

Wuchty, S. and Jones, B, F. and Uzzi, B. 2007: "The Increasing Dominance of Teams in Production of Knowledge," *Science*, 316: 1036–9.

ザイマン，J. 1995：村上陽一郎，川崎勝，三宅苞訳『縛られたプロメテウス――動的定常状態における科学』シュプリンガー・フェアラーク東京；Ziman, J. *Prometheus Bound: Science in Dynamic Steady State*, Cambridge University Press, 1994.

Professionalization of Science and Shadow Work

MATSUMURA Kazushi *

Abstract

The purpose of this paper is to examine shadow work in scientific practice historically and to provide a diachronic perspective from which to view contemporary science. Ivan Illich's theory of shadow work focuses on unpaid work. In contrast, science has two types of rewards: reputation in the academic sphere and material goods. Therefore, shadow work in scientific practice can be defined as labor that is poorly compensated for in terms of reputation and material goods. In this regard, the visibility of work is important, and there is an asymmetry in which it is difficult for scientific collaborators (technicians and artists) to be granted authorship. Prior to the professionalization of science, the asymmetry between scientists and collaborators was stabilized by using the lines of social attributes such as class and gender. However, professionalization changed this condition, introducing the logic of apprenticeship and making it possible to supply collaborators from the scientific community. However, currently scientific careers have become more destabilized, making it difficult to judge whether their reward is sufficient. It is this salient instability of shadow work that characterizes contemporary science.

Keywords: shadow work, visibility, professionalization, apprenticeship, scientific career

Received: January 9, 2024; Accepted in final form: April 14, 2024
*Associate Professor, Faculty of Arts and Literature, Department of Mass Communications, Seijo University; kmatsu@seijo.ac.jp

ダーティ・ワークとシャドウ・ワークの間

廃棄物処理業における主観的価値付けから見た科学のシャドウ・ワークの特性

吉田　航太*

要　旨

本論考では，科学におけるインフラ的仕事であるシャドウ・ワークの特徴を，より明確にインフラの仕事である廃棄物処理業との比較によって明らかにする．廃棄物処理においても，労働者にとって仕事の価値の低さから来る葛藤がスティグマという形で存在することが指摘できる．しかし一方で，シャドウ・ワークとは異なり，仕事そのものに対する主観的不満はほとんど語られることはない．これは廃棄物処理の仕事が収入や労働量の点で安定しており，スティグマを補ってこの仕事を続ける理由となっているからである．こうした廃棄物処理の安定性は，この仕事が長期間にわたって仕事内容が変化しない強固なルーチンワークとして構成されていることに起因している．振り返って科学のシャドウ・ワークを考えてみると，科学実践は仕事の内容が絶えず変化するという性質を持ち，そのためインフラ的仕事も不安定であるために葛藤を生み出していることが指摘できる．

1．はじめに

本論考では，廃棄物処理にかかわる人々の主観的経験についての研究から，科学のシャドウ・ワークの特性を逆照射することを試みる．本特集において，科学のシャドウ・ワークは，インフラ的な仕事でありながらも，公的評価があいまいであり，主観的にも納得が得られない仕事と定義されている（特集序文）．言い換えれば，その仕事の価値が低いがゆえに，それに従事する科学者に感情面での葛藤を生んでいる状況が，シャドウ・ワークという概念が問題としたい状況である．

廃棄物処理業[1)]もまた，インフラのひとつとして扱われ，かつ価値の低い仕事としばしばみなされており，社会学・人類学でのエスノグラフィックな研究では，従事する労働者の感情的な葛藤が注目されてきた．しかし一方で，これらの研究から示される葛藤は，シャドウ・ワークにおける科学者の葛藤とは異なっている．本論考では，これらのエスノグラフィーを資料として[2)]，両者の差異を比較することで，科学のシャドウ・ワークのある意味で特殊な性質を明らかにしようと試みるものである．

2024年1月9日受付　2024年4月14日掲載決定
*静岡県立大学国際関係学研究科・助教，yoshida.kota@u-shizuoka-ken.ac.jp

2．廃棄物処理という仕事のスティグマ

廃棄物処理という仕事が，それに従事する人々にスティグマを与えることは，どのエスノグラフィーでも指摘されている．ペリー(Stewart E. Perry)はこの仕事が「きたない仕事(dirty work)(Perry 1998)」とみなされていると指摘しており，初対面の人に自らの仕事を知られると距離を置かれると労働者が考えていると述べている．収集作業を行っている間も，通行人からは自分が存在しないかのように無視されることが通常である一方で，車の通行の邪魔になるなどのきっかけで自らの仕事を罵倒される経験から，こうした仕事がネガティブな意味合いを持つことを実感するという(Nagle 2013, 11–27)．これらはアメリカの事例であるが，東京でも「ゴミ屋」という言葉が侮蔑の意味合いを込めて投げかけられることがあるという(滝沢 2020, 108–11)．また，廃棄物処理という仕事が他の公共サービスと比較して正当な公的評価を得られていないという不満が語られることもある．ニューヨークの収集作業員の間では，大型のパッカー車のそばで頻繁に乗り降りするため交通事故などに遭いやすく，労災の発生率や死亡率は実はニューヨーク市の公共部門の中でトップであるにもかかわらず，警察官や消防士のような評価を清掃部門は得られていないという不満が共有されている(Nagle 2013, 162)．

こうしたスティグマは，「ごみ」というこの仕事が扱う対象そのものに起因している．腐敗物を含んだごみへの生理的な嫌悪感によって，この仕事に従事する人間もまたごみと一体化して捉えられることで否定的な態度を取られてしまうのである．こうしたごみがもたらすスティグマは多かれ少なかれ労働者に葛藤をもたらし，『スティグマの社会学』でゴッフマン(E. Goffman)が扱ったような様々な対処が必要となる(ゴッフマン 2001)．

そうした対処として，ごみという物質と自己の間に境界線を引くこと，ごみというモノから自分という人間を引きはがすことを労働者が絶えず重視していることが，廃棄物処理のエスノグラフィーでは描かれている．その代表的な技法のひとつに，臭いという問題への対処がある．ごみが否応なしに持つ腐敗臭は，一般の人々が彼らを忌避する主要な原因とみなされている．そのため，仕事終わりには体を洗ってごみの臭いを仕事の外へと漏れ出ないようにすることに大きな労力が割かれている(Reno 2016, 47；藤井 2018, 32)．

また，ごみと自己を区別することは，労働者の間の会話や研究者とのインタビューからもうかがえる．他の仕事であれば見られるような労働の対象への親密な愛着は，廃棄物処理ではまったく見られない．ごみと自分を結び付けるのではなく，むしろ，労働者にとって，ごみはそれを排出した人間を示す痕跡として受け止められている．この仕事の面白さとして指摘されているのが，ごみから地域や人々の特徴を知るという一種の社会学者のような愉しみであり，たとえば金持ちがどんなごみを出しているのか，あるいは地域によってごみの傾向が異なるといった知識を得られることの興味深さが語られる(Perry 1998, 110–40；滝沢 2018, 91–104)．これもごみを自己から切り離して，別の人間へと帰属させる戦略のひとつと考えることができる．

ごみと自己を区別する戦略の極端な例として，自らの職業を他人に隠すこともしばしば見られる現象である[3]．たとえばアメリカの埋立処分場の監督は自身を「建設業」に従事していると近隣住民に語り(Reno 2016, 169)，またニューヨークでのごみ収集員は公務員であるのにもかかわらず，妻から絶対に近所の人たちに仕事を明かしてはならないと厳命されている者もいる(Nagle 2013, 161)．東京でも自身の仕事を恋人に言えない同僚のエピソードが語られる(滝沢 2020, 116–8)．

以上のように，廃棄物処理に従事する人々は，「きたない仕事」としてネガティブな評価をされ

てしまうという葛藤を抱えている．そのため，仕事と自己のアイデンティティを区別し，両者の関係をうまく管理することでこの葛藤に対処しようとしているのである．

3．廃棄物処理という仕事を続ける理由：強固な安定性

しかし，廃棄物処理という仕事が，ある種のスティグマとしての葛藤をもたらす一方で，科学のシャドウ・ワークと大きな違いも存在する．それが，廃棄物処理に従事している人々は自らの仕事に基本的には納得しているという点である．廃棄物処理のエスノグラフィーにおいて，労働者の口から仕事そのものへの不満が語られることはほとんどない．肉体労働のきつさを乗り越えさえすれば，むしろ安定した仕事として肯定的に捉えられている．

この点は，諸々のエスノグラフィーにおいて，この仕事をなぜ続けているのかという研究者からの質問に対する労働者側の答えによく表れている．この仕事に就いた経緯の語りは地域を越えて共通しており，基本的には生計を立てる必要に迫られて選択したと語られる．たとえば「家族を養うため」という理由がしばしば持ち出される(Perry 1998, 130；Reno 2016, 61, 69–70)．あるいは，アーティストや俳優などの，収入が得られない時期が長く続く職業を目指している人々が，ある種の「つなぎ」としてこの仕事を選択することもある(藤井 2018, 162–82)．両方の理由が重なることもあり，たとえば東京のごみ収集にまつわるエッセイを書いているお笑い芸人の滝沢がこの業界に入ったきっかけは，当時付き合っていた彼女が妊娠して出産費用が必要になったからであった(滝沢 2018, 2–7)．

このように廃棄物処理の仕事は，最初から望んで就くものではなく，生活のために迫られた二次的な選択である一方で，生計という観点から選ばれているように，安定した収入を確保できる職として評価されている．高所得層ではないとはいえ，家族を養うことが可能な程度には収入が得られ，また公務員として仕事が用意されていれば中間層以上の収入を得られることも可能である．たとえばニューヨークでは，一定年数を経た労働者であれば2000年代後半で10万ドルもの年収を得られており，毎年の募集には多くの応募が殺到する(Nagle 2013, 135–42)．学歴や特定の専門資格が必要ない非熟練労働の中では，一定の収入が期待できるのである．また，収入以外の(あるいはそれ以上の)魅力として，労働時間が固定であることも高く評価されている．必ず定時で退勤することができるという点は，「つなぎ」としてこの仕事を選んでいる者にとっては「本業」の時間を確保できるために，この仕事に納得する主要な理由となっている．

自らの仕事に納得しているのは，先進国の公的サービスとしての廃棄物処理だけではなく，開発途上国における廃棄物関連のインフォーマルな仕事に就く人々にも当てはまる．たとえばブラジルのリオデジャネイロの埋立処分場で有価物を拾い集めて生計を立てるウェイストピッカーを描いたエスノグラフィーでは，この仕事は労働時間などの規則がなく，ある程度の収入が得られるため一種の避難場所として機能しており，正規雇用という「本当の仕事」の間を往復する人々の姿が描かれている(Miller 2013)．また，筆者が調査したインドネシアでは，廃棄物の収集は地域住民に雇用されたインフォーマルな収集人が担っているが，彼らへのインタビューでは，行商や鉱山への出稼ぎなど様々な仕事を経た上で，家族ができて養うためにこの仕事を始めたという理由が多かった．アジアとラテンアメリカの7か国[4]のウェイストピッカーを比較した研究でも，ごみを扱う職業は都市の様々な雑業の中では相対的には豊かであることが論じられている(Medina 2007)．

廃棄物処理の仕事が安定した職業として確立されているのは，この仕事がルーチンワークとしてきわめて強固に安定している点に帰することができる．廃棄物処理という労働が対象とする「ごみ」

は市場原理に基づいて生産される商品ではないため，季節や時期の多少の変動はあっても，特定の地域のごみの量は年間を通じて不規則な変化が起こらない．そのため，廃棄物処理業はルーチンワークという性質が非常に強く，労働量や労働時間の予測可能性が工場労働や建設業などの他のブルーカラー職と比べてもはるかに高いのである．

こうしたワークそれ自体の安定性は，廃棄物処理を担う職業集団の安定性にもつながっている．公衆衛生の一環として廃棄物処理が公共サービスとして整備されたのは 19 世紀後半から 20 世紀初頭であり，欧米や日本ではおおよそ 100 年の歴史を持つが，現在までも組織面での連続性があることが指摘できる．行政の一部局として続いている場合だけでなく，民間企業であっても 100 年前と同じ組織が収集などの仕事を担っていることが少なくない．たとえばサンフランシスコは民間企業によってごみ収集が行われているが，この企業はもともと 20 世紀初頭に設立されたイタリア系の廃棄物収集業者の組合が起源であり，現在もイタリア系のネットワークが収集業者の基盤となっている（Perry 1998）．東京でも，社団法人東京環境保全協会という江戸時代・明治時代からの廃棄物業者の組合[5]が，戦前の帝国議会との協定に基づいて収集業務の委託を独占している（藤井 2018, 152–5）．

ごみを扱う仕事が強固なルーチンワークとして安定し，組織の上でも長期の持続性を持つため，仕事や組織の安定性をもとに経済的な利益も確保することができている．これは，この確立された廃棄物処理の仕事をアイデンティティとすることで権利を獲得してきたからでもある．上記の民間業者の組合の独占権もそのひとつであるが，公務員であってもたとえばアメリカの公務員としての清掃職員の待遇は，1960 年代の公民権運動の際に激しい労働闘争が各地で発生したことをきっかけに向上したことが知られている．特にニューヨークでは，1960 年代の衛生労働者組合のトップであったジョン・デルリー（John DeLury）のリーダーシップとストライキも辞さない戦闘的な運動方針が，現在の高待遇のきっかけであったとされている（Perry 1998, 241–4）．

このような経済的な権利を獲得できたのは，廃棄物処理の仕事がスティグマを持つ一方で，その社会的意義も同時に評価されていることが大きい．コロナ禍で「エッセンシャルワーカー」という言葉が流行し，そのひとつにごみ収集が挙げられていたように，廃棄物処理が公共的に必要な存在であることが否定されることは決してない．この点はスティグマといっても犯罪などとは大きく異なる点である．廃棄物処理業の人々が扱うごみはもともとあらゆる人々が日常的に生み出したものであり，多くの人がやりたがらない仕事を引き受けているという倫理的な負い目を人々にもたらしている．そのため，廃棄物処理という仕事の公的評価はゆるぎなく存在しており，税金の投入や独占権の認可などが現在でも正当化されているのである．この仕事に就いている労働者自身にとって，こうした公的評価は，それ自体が必ずしも働く理由とはならないが，この仕事を選ぶ理由である安定した収入をもたらす要因となっているのである．

4．科学のシャドウ・ワークとの比較

このように廃棄物処理という仕事は，ネガティブな評価を受ける可能性がある一方で，仕事としては労働内容の面でも収入の面でもきわめて安定しているため，スティグマへの対処という課題はありつつも，この仕事を担う人々は職業の選択自体には納得している．そのため，この仕事における葛藤は，確立された廃棄物処理という職業と自己のアイデンティティの距離をいかにして管理するかという問題として現れている[6]．

こうした廃棄物処理の特徴と対比させてみると，科学のシャドウ・ワークという仕事の特徴が明

らかとなる．シャドウ・ワークにおいて，科学者の感情面での葛藤は，その仕事をすること自体に納得していないという形で表れている．言い換えれば，廃棄物処理のように確立された職業と自己のアイデンティティの関係の問題ではなく，科学者という職業と自己のアイデンティティは問題なく一体化している一方で，この科学者という仕事の中でシャドウ・ワークがうまく位置付けられないという問題である．仕事としてはっきりと確立していないために，それと自己のアイデンティティとの境界線を引くという戦略ができないあいまいな仕事がシャドウ・ワークなのである．

科学においてこそシャドウ・ワークが問題となるのも，きわめて安定した廃棄物処理という仕事との比較で見えてくる．それは，科学という仕事自体が，ルーチンワークから最もかけ離れた，常に変動の過程にあるプロジェクトという性質を持っているからである．本特集で福島が取り上げた宇宙科学の事例が典型であるが，科学研究という実践は，一定の期間内に達成すべき特定の目標を設定するというプロジェクトの形を取り，しかも実験結果などから臨機応変に研究計画が変わり続けるという点でも特異である．科学者が10年前とまったく同じ実験や研究をしているというのは，廃棄物の収集業務が10年前とはまったく違う仕事になっているのと同じくらい想定しづらい．

そのため，科学という仕事におけるインフラ的な仕事であるシャドウ・ワークもまた同様に絶えざる変動の中にあるきわめて不安定なものであり，このことが科学者の葛藤を生み出す原因となるのである．たとえばもし宇宙科学のプロジェクトマネジメントの仕事が，廃棄物処理のように数十年ものスパンを持つ仕事であり，職業として確立されているのであれば，前節で述べたような様々な権利の要求をすることもできるし，「つなぎ」の仕事として科学者である自己のアイデンティティとの間に区別をすることもできるだろう．しかし，研究プロジェクトが常に変動する以上，プロジェクトマネジメントがルーチンワークになることはなく，また，ひとつのプロジェクトには終了期間があるため，終わった後にも仕事として継続するかも不明瞭である．こうしたシャドウ・ワークのあいまいさが，仕事そのものへの不満という形での葛藤を科学者にもたらすのである．

ここに，シャドウ・ワークが科学において避けがたく付きまとう問題である理由を見てとることができるだろう．本論考が取り上げた廃棄物処理という事例をふまえれば，シャドウ・ワークもまたルーチンワークとして確立されたならば，廃棄物処理のような形の専門職へと分化することも考えられる．いわゆる「テクニシャン」「技術補佐員」と呼ばれるような人々は科学において職業として確立した仕事であり，本論考の事例と近いものといえる．しかし，科学が常に新たなテーマや研究手法を模索する営みである以上，シャドウ・ワークもまた常に現れ続けるため，そのすべてをルーチンワークとして整備することはできない．シャドウ・ワークをめぐる科学者の葛藤は尽きることがないが，本論考がシャドウ・ワークの存在しない廃棄物処理という仕事との比較で明らかにしたように，それはシャドウ・ワークが科学という仕事に不可欠に含まれる特徴でもあるからなのである．

■注

1）本論考では，一般廃棄物に焦点を当て，ごみ収集や中間処理，埋立処分場だけでなく，プラスチックなどの有価物の回収を含めて廃棄物処理業と呼ぶ．

2）社会学や人類学ではごみを扱う労働を扱ったエスノグラフィーがいくつか出ており，アメリカでは，1960年代～1990年代のサンフランシスコのごみ収集(Perry 1998)や，2000年代のニューヨークのごみ収集(Nagle 2013)，そして2000年代のミシガン州の埋立処分場についての研究(Reno 2016)を資料に用いた．東京については行政学者の藤井誠一郎が自らごみ収集の仕事を行って調査した研究(藤井

2018)と，お笑い芸人で収集員の仕事をしている滝沢秀一のエッセイ(2018, 2020)を資料とした.

3) ゴフマンのスティグマの議論でいえば，「パッシング」という印象操作の技法に相当する(ゴッフマン 2001).

4) 具体的にはメキシコ，ブラジル，コロンビア，アルゼンチン，エジプト，フィリピン，インドの7か国である.

5) 1933年に「大東京清掃事業組合連合会」として発足し，1974年からは「東京環境保全協会」という名称となっている.

6) たとえば「つなぎ」の仕事として廃棄物処理を選択している者には，次第にこの仕事が「本業」となってしまうという悩みを抱えている．お笑い芸人である滝沢がこの仕事を始める際に収集員の先輩に言われたのが「ゴミ屋顔」になるなという忠告であり，これは廃棄物収集の仕事に安寧してしまう事態を指しており，その例として何年も楽器に触れていない「バンドマン」のエピソードが語られる(滝沢 2018, 144–6).

■文献

藤井誠一郎 2018：『ごみ収集という仕事：清掃車に乗って考えた地方自治』コモンズ.

ゴッフマン, E. 2001：石黒毅訳『スティグマの社会学：烙印を押されたアイデンティティ』せりか書房；Goffman, E. *Stigma: Notes on the Management of Spoiled Identity*, Prentice-Hall, 1963.

Medina, M. 2007: *The World's Scavengers: Salvaging for Sustainable Consumption and Production*, Alta Mira Press.

Millar, K. 2018: *Reclaiming the Discarded: Life and Labor on Rio's Garbage Dump*, Duke University Press.

Nagle, R. 2013: *Picking Up: On the Streets and Behind the Trucks with the Sanitation Workers of New York City*, Farrar Straus and Giroux.

Perry, S. 1998: *Collecting Garbage: Dirty Work, Clean Jobs, Proud People*, Taylor & Francis.

Reno, J. 2016: *Waste Away: Working and Living with a North American Landfill*, University of California Press.

滝沢秀一 2018：『このゴミは収集できません』白夜書房.

滝沢秀一 2020：『やっぱり，このゴミは収集できません：ゴミ清掃員がやばい現場で考えたこと』白夜書房.

Between Dirty Work and Shadow Work

Characteristics of Shadow Work in Science Compared to Subjective Valuation in Waste Management

YOSHIDA Kota*

Abstract

This paper aims to clarify the characteristics of shadow work in science, which is considered as infrastructural work, through a comparison with work in waste management, one of the actual infrastructures. Workers of waste management feel conflicts that stem from the perceived low value of the job as stigma. However, unlike shadow work in science, subjective dissatisfaction with the job itself is rarely expressed. This can be attributed to the stability of income and workload in waste management work, mitigating the impact of stigma and providing a reason for workers to continue in this profession. The stability in waste management work arises from its structure as a robust routine job with little variation in tasks over extended periods. Reflecting on shadow work in science, it becomes evident that the constantly changing nature of scientific practice contributes to the instability of infrastructural work in science, leading to internal conflicts and struggles for those engaged in such roles.

Keywords: Shadow work, Waste management, Ethnography, Stigma

Received: January 9, 2024; Accepted in final form: April 14, 2024
*Assistant Professor, Graduate School of International Relations, University of Shizuoka;
yoshida.kota@u-shizuoka-ken.ac.jp

科学のシャドウ・ワークに含まれる論点

日比野愛子*

要　旨

本稿では，特集「科学のシャドウ・ワーク」の各論稿で示された論点を整理したうえで，科学実践が必ずともなう周辺的仕事の評価論を発展させていく重要性を提起する．特集の論稿からは，パラ技能の評価の難しさ，中心—周辺のヒエラルキー構造の強弱，基盤形成そのものの方向性や有効性の不確実性，評価機関と被評価機関の範囲の変容，科学共同体の境界設定，科学の周辺的仕事の不確実性といった要素が周辺的仕事の問題化(シャドウ・ワーク化)にかかわっていることが示された．欧州をはじめとした近年の研究評価改革では，論文中心主義からの脱却がはかられており，幅広い成果にも目を向けられるようになっている．ただし，成果と明示的対応がつかないのが基盤的仕事の特性であり，これをいかに評価しうるのかの調査や議論が今後重要であると提起した．

1．科学のシャドウ・ワーク：特集のまとめ

科学の活動では，新しい発見やそれにともなう技術革新・社会システムの刷新などに光が当たりやすい．しかし日の目を見る活動は，多くの地道かつ見えにくい仕事(ワーク)があるからこそ成り立つ．本特集は，こうした科学の中のインフラ的(基盤的)な活動に光をあてたものである．序論で福島が示したように，科学のシャドウ・ワーク論はSTS従来のインフラ論と重なる部分がありつつも，科学実践の中の特定の仕事が問題化していくメカニズムに切り込む独自性がある．この時考察の助けとなる軸が，主観的納得と公的評価である．すなわち，何かしらのインフラ的仕事があるとしても，当事者の納得か，組織的な公的評価のいずれか(もしくは双方)があれば大きな問題には発展しにくい．では納得がなく公的評価もない仕事(序論でいう第4象限に含まれる仕事)があるとすれば，それはいかなる構造のもとで生じ，維持され続けてしまうのか．本特集ではこれを分野横断的に検討していった．

まずは個別事例(宇宙科学，情報工学，農学，法科学)の要点を簡単に振り返ってみたい．宇宙科学の事例分析(福島)で示されたのはスペース系宇宙科学でロケット打ち上げを目的とする巨大プロジェクト管理業務がシャドウ・ワークとして問題化している現状であった．多数の組織間の調整や

2024年1月30日受付　2024年4月14日掲載決定
＊弘前大学人文社会科学部・教授，ahibino@hirosaki-u.ac.jp

リスク管理を行うプロジェクト管理業務は，必要とされる高度技能と労力に比して，キャリアの面で益になることが少ないという．科学実践に必要な技能とはかけ離れた技能(福島はこれをパラ技能と呼んでいる)を科学の枠内で評価することは難しく，そうなると解決策の一つは管理業務に特化した専門人材を育成し，正当な地位や対価を付与する長期的対応が必要ではないかと指摘している．

情報工学のインタビュー調査(日比野・伊藤)からは，当該領域でシャドウ・ワーク(第4象限)に含まれる仕事が少ない点が考察された．情報工学は異分野との共同作業の中で手法開発の役割に置かれやすくシャドウ・ワークの発生が想定されたが，実際に得られた語りからは，手法開発や社会連携に関する種々のワークがむしろ科学実践の中核になりうること，および，論文発表の活動とそれ以外との活動との階層化が比較的弱く両者がシームレスにつながっていることが示唆された．これは情報工学ならではの学術的特性に由来している可能性があると同時に，知が正当化される場所(範囲)が広がり拡散している現代の科学実践の一側面を表していると指摘している．

農学分野においてデータ駆動型育種にかかわる育種家と統計遺伝学を取り上げた調査(山口)では，同じく，異分野の共同作業にかかわるシャドウ・ワークが分析されている．将来のデータサイエンス育種に向けたデータプラットフォーム作りのため，データクレンジングや，現場のデータの取得といった多くの「重たい作業」が統計遺伝学者に発生している詳細が明らかにされた．ただし，こうした作業は負担を招いているとはいえ，論文業績につながる点で本特集での定義におけるシャドウ・ワークには当てはまらないともいえる．山口はイリイチの逆生産性の概念を引きつつ，より根本的な問題として，効率性と新しい発見を目指すデータプラットフォームのシステム(とそのシステム作り)の中に非効率な性質が含まれうる点に言及する．

法科学(鈴木)の事例では，科学の品質保証の問題が議論された．法科学ラボでは，鑑定結果の提出が主要な科学実践と見なされる一方，鑑定の品質保証のための膨大な書類作成が必要である．その作業を特定の役職(例：技官)や特定の個人が担うことで負担感が生じている可能性が指摘されていた．これは典型的なシャドウ・ワークの問題ともいえる．さらに鈴木の論稿では評価を付与する評価者(評価機関)と，評価される被評価者(被評価機関)の対応関係がどのように設定されるかに応じて，葛藤や不満が新たに生じることを示している．

上記は個別の学問分野の事例分析より得られた知見であるが，科学ならではのシャドウ・ワークの問題を考察するには，科学共同体の社会的位置づけに関する通時的，共時的分析も欠かせない．科学の専門職業化の歴史的経緯を述べた論稿(松村)では，科学者共同体が専門的職業として確立する以前でも，科学実践のさまざまな周辺的仕事――例えば実験の補助業務やイラストレーションの作成――が存在しており，その作業者は実践の中心を担うアクターの近親者等インフォーマルなつながりによって調達できていたことに言及する．周辺的仕事の担当を担う層は社会的階層と連動していたため，問題として顕在することがなかった．科学共同体の制度的な確立と同時に，周辺的仕事を担うアクターを共同体内部で調達する必要が出てきたことがシャドウ・ワークの問題を問題たらしめていると指摘している．

また，社会のインフラである清掃業(ダーティ・ワーク)との比較(吉田)が示すのは，周辺的仕事の負担感や葛藤はその仕事の構造的な不安定性に依るものであり，もし何かしらの周辺的仕事が構造的に安定しているならば実は問題化しにくいという視点である．当事者のアイデンティティとしては複雑な葛藤があるとはいえ，清掃業は仕事としてルーティン化しやすく，多くの社会で長期的に一職業として確立している．科学の周辺的仕事の特性は，科学の絶えざる刷新と呼応して周辺的仕事も常に内容や規模が大きく変わり得るという不確実性があるという指摘であった．

あらためて整理すると，本特集の論考からは，パラ技能の評価の難しさ，中心―周辺のヒエラルキー構造の強弱，基盤形成そのものの方向性や有効性の不確実性，評価機関と被評価機関の対応の変容，科学共同体の境界設定，科学の周辺的仕事の不確実性といった要素が周辺的仕事の問題化(シャドウ・ワーク化)にかかわっていることが示唆される．上記はオーバーラップするものであり，また，他分野の科学実践の解釈にも適用できるものである．

2．今後の議論に向けて

多様なシャドウ・ワークの姿が示される中，科学のシャドウ・ワークに共通する問題――実務上でも検討すべき課題――の一つは，周辺的仕事にどのように評価を与えるか，という問題である(cf. 科学技術社会論研究第10号特集『「科学を評価する」を問う』)．これは論文中心主義をどのように考えるかという議論とセットで考えることができる．現代の科学では，査読付きの専門誌(ジャーナル)を通じて知見を発表することが活動の中心に置かれ，また，それによって評価を得るという営為が多くの分野で共通している．しかし，論文業績のみに評価の重点が過度に置かれすぎると，研究不正や現場への負担等，さまざまな問題が表出してくることがすでに科学界の内部でも指摘されている(ケイヴス 2014=2015, 次段落でも後述)．周辺的仕事への忌避は，論文中心主義の風潮が強くなることと相互に強化しあう循環関係がある．本特集鈴木の論考でも，(従来，鑑定の品質が評価対象であった)法科学ラボに対して，科学的な品質としての論文発表が新たに観点に加えられることで，品質保証業務の負担感がさらに増大する可能性が言及されていた．

論文中心主義については，科学界の内部でも多くの自己反省の議論や批判が提出されている(逸村，池内 2013；有田 2020；北村，柴田 2020, 114)．ただし批判の対象については差異も見られる．これまでの議論で顕著なのは，ジャーナル・インパクト・ファクター中心主義に対する批判であった．学術関係者が提起するこうした批判は，ジャーナル・インパクト・ファクターの誤用に言及した上で論文に対する別の評価指標(多くは数値化された指標)や評価の多元性を提起するものも多く，必ずしも周辺的仕事の重要性に目を向けたものとは限らない．

他方，近年注目される動向として，DORA(研究評価に関するサンフランシスコ宣言，San Francisco Declaration on Research Assessment)[1]は，より踏み込んでジャーナル・インパクト・ファクターの指標を個別の研究や研究者の評価に用いることを批判し，研究成果の中核は査読付き研究論文ということは維持しつつも，データセットやソフトウェアといった成果も評価の対象とすべきという主張を明示している．また，欧州ではナラティブCVなど，研究の実績説明の際に人材育成や研究界・社会への貢献の説明を含める様式の活用が進みつつある(林，佐々木，沼尻 2023)．林ら(2023)は，日本ではジャーナル・インパクト・ファクターの活用が一部分野をのぞき少ないという実態も踏まえつつ，大学機関外からの外部指標の一律的な活用は研究／研究者の能力の多様性をうまく評価できない課題を持つと指摘している．日本は，欧州やDORAの研究評価改革への認識が限られている現状にも言及している．そもそも論文中心主義は，コミュニティ全体としての研究の活発性を必ずしも促進しないのではないかという問題意識からの実証研究も展開されている(小野寺 2009)．

こうした新しい研究評価の枠組みにおいては，周辺的仕事そのものへの目配りも進むものと想定される．ただし，これまでの評価論からどうしても漏れ落ちてしまい，かつ本特集でも十分に議論ができなかったのは，基盤の整備をはじめとした周辺的仕事とそこから出てくる個別のアウトプットとの間に明示的な対応関係をつけることは難しいというアポリアが存在する中で，いかに基盤整備を評価できるのかといった観点である．つまり，研究評価の対象を論文以外の成果にまで範囲を広げる取り組みはできたとしても，基盤整備にかけられた労力は成果の中に含まれにくいという問題は依然存在する．仮に成果が出ず(見えず)とも，基盤整備を「行った」という行為自体に対する評価や報酬，あるいは評価や報酬がなくともそれを研究者が行う余力をどこまで社会が与えられるかが問われると考えられる．

評価論との接続以外にも，本特集の範囲では議論を尽くせなかった論点は多くある．例えば，科学共同体の自己イメージやアイデンティティは，主観的納得の成否と大きくかかわる．また，仕事一般に関し近年言及されているブルシット・ジョブ(権威付けや欠陥のカバーだけのためなど，無意味なワークで，やっている当事者もやりがいのないワーク)の増殖と高給化問題(グレーバー 2018=2020)が科学の現場にはどのように入り込んでいるのかといったテーマも興味深い．シャドウ・ワークの負担の偏りは，ジェンダー的観点からの分析も重要だろう．日本の特有性についても検討が必要である．例えば，プロジェクト管理を担うプロジェクト・マネージャーはアメリカでは専門職化され高い地位を得ており，日本のような負担の生成を回避している．ほか国立大学法人化の影響や，学会コミュニティという組織体の性質なども科学のシャドウ・ワークを生み出す日本特有の背景として調査の余地がある．科学のシャドウ・ワーク論はSTSの幅広いテーマとかかわるものであり，本特集の知見が今後の実証的・理論的研究ならびに実践に接続することを期待する．

謝辞

本特集に含まれる研究は，JSPS科研費 20H01226 の助成を受けたものです．また，研究会や科学技術社会論学会大会にて有益なコメントをいただいた皆様にこの場を借りて御礼申し上げます．

■注

1) https://sfdora.org/read/read-the-declaration-japanese/(2024 年 1 月 28 日閲覧)

■文献

有田正規 2020：「雑誌の評価と研究の評価—業績評価指標の今後—」『薬学図書館』 65(4), 168–72.
ケイヴス, C. M. 2015：門野良典訳「ハイインパクトファクター症候群」『パリティ』30(10) , 21-5；Caves, C. M. High impact factor Syndrome, *APS news*, 23(10), 2014.
グレーバー , D 2020：酒井隆史, 芳賀達彦, 森田和樹訳『ブルシット・ジョブ――クソどうでもいい仕事の理論』岩波書店；Graeber, D. *Bullshit jobs: A theory*, New York, Simon and Schuster, 2018.
林隆之，佐々木結，沼尻保奈美 2023：「研究評価改革とオープンサイエンス：国際的進展と日本の状況」『情報の科学と技術』73(1), 26–31.
逸村裕，池内有為 2013：「インパクトファクターの功罪：科学者社会に与えた影響とそこから生まれた歪み」『月刊化学』68(12), 32–6.
北村行孝, 柴田文隆 2020：『科学技術メディア社会：科学ジャーナリズム・コミュニケーション入門』東京農業大学出版会.
小野寺夏生 2009：「計量文献学から明らかになる事実 論文至上主義は研究の生産性を上げるか」『現代化学』458, 22–6.

Issues on the "Shadow Work" of Scientific Practice

HIBINO Aiko*

Abstract

This paper summarizes the main issues presented by articles in the special issue "Shadow Work in Scientific Practice" and proposes the importance of developing discussions on how to evaluate the infrastructural work that science practice inevitably entails. Case studies and socio-historical analyses suggest that factors such as *the difficulty of evaluating para-skills, the influence of the strength of the center-periphery hierarchy structure, the uncertainty of the direction and effectiveness of the data platform, the change in the correspondence of the evaluation and the evaluated institution, boundary-setting by the scientific community, and the uncertainty of the peripheral work of science* are involved in the problematization of shadow work in scientific practices. Recent movements on research evaluation proposed in the EU have shed light on a wide range of research outcomes other than papers; however, it is important to investigate and discuss how to evaluate the infrastructural work which cannot be specified its exact correlation with outcomes.

Keywords: Shadow work, Infrastructural work, Research evaluation

Received: January 30, 2024; Accepted in final form: April 14, 2024
* Professor, Faculty of Humanities and Social Sciences, Hirosaki University; ahibino@hirosaki-u.ac.jp

論　文

建築学会の都市防空対策におけるリスク評価と市民の精神力への期待

夏目　賢一*

要　旨

太平洋戦争での日本本土空襲のリスク対策について，本論文では建築学会の都市防空に関する調査委員会の活動に注目して論じた．この委員会は 1936 年末に設置され，政府への建議を繰り返すとともに，市民への普及活動に努めた．その活動では，当初から日本の木造都市の脆弱性が強く意識され，後に現実化する空襲被害が予見されていた．そのリスク対策として，防火第一主義が強調され，防火改修と建物疎開を組み合わせた政策推進が訴えられた．しかし，その政策は当初からまったく理想的には進まず，それを補完するために市民の精神力の必要性が訴えられ続けた．この太平洋戦争での敗戦は，日本で科学技術の民主化が進められる重要な転換点となった．本論文で分析した事例のほとんどは国家主義の理念の下で進められたものだが，戦後の都市不燃化運動の展開まで含めることで，民主化の観点からも彼らの活動についての考察を進めた．

1. 序論

太平洋戦争での日本本土空襲による死者数は，原子爆弾による被害（1945 年末までに約 21 万 4 千人）を特別としても，東京だけで約 10 万人にのぼった．この甚大なリスクへの対策を進めようとした科学技術の専門家たちは，その専門的知見によるリスク評価とそれに基づく政策提言やリスクコミュニケーションをどのように進めたのだろうか．さらに，彼らはそれらの活動において市民の安全をどのように考えていたのだろうか．これまで日本本土空襲に関しては，数多くの実態調査や批判的分析，さらにはそれらの知見を踏まえた平和教育が展開されてきた[1]．しかし，そのリスク分析のための専門知識を有していたはずの工学系学協会の動向にはほとんど注意が払われてこなかった．そこで本論文では，日本工学会の会員学協会の中でも，特に防空対策に積極的に取り組んでいた建築学会の「都市防空に関する調査委員会」（以下，防空委員会）を分析の対象としてこれらの問いを考察する[2]．この委員会は 1936 年末に設置され，翌年から政府への建議を重ねるとともに，小冊子の発行や講演会の開催などの普及宣伝事業を展開していった．この委員会が活動を開始した 1937 年は，4 月に防空法が公布され，7 月に日中戦争が始まり，日本の民防空体制が慌ただしく整

2023 年 8 月 2 日受付　2024 年 5 月 23 日掲載決定
* 金沢工業大学基礎教育部修学基礎教育課程・教授，kmynatsume@gmail.com

備されていった年であった．

建築学会の防空委員会に注目した先行研究は極めて少ないが，その中でこの委員会を中心的な分析対象としているのが山本(1999)の研究である．山本は，大都市形成期において防空委員会が木造都市に関する防火工学を日本特有の学問分野として展開していった過程を論じ，特に防火改修事業の実践を通じて街区という集団的主体を想定するようになったと指摘している．しかしこの山本の研究は，学問分野の展開過程についての知識社会学的分析を目的としており，本研究とは論点が異なる．また，黒田(2010, 43–52)は日本の民防空対策を総合的に論じる中で，建築学会が防空体制の不備を繰り返し建議していたことに注目し，特に都市を燃えやすい状態で放置しながらその防火を人力に頼ることを田辺平学(1943b, 510)が人力への負担過重と述べていたことが政府や軍部への鋭い批判になっていたと評価している．この田辺の言説については第4章で改めて論じる．

その他，主要な防空史研究としては防衛庁防衛研究所戦史室(1968)や浄法寺(1981)の通史研究があり，特に民防空については2010年代に研究が進んだ．前述の黒田(2010)の他にも，土田(2010)は，陸軍，内務省，警防団などが社会や政治との影響関係の中で「国民防空」体制を構築していった過程を詳細に分析している．大井(2016)は，事前の空襲判断と実際の空襲様相の違いを比較しながら，当時の民防空政策の効果を多角的に分析している．また，建築物と防空に関しては，川口(2014)が特に京都の建物疎開の実態を調査している．しかしこれらの研究では，建築学会の活動は経緯の一つとして言及される程度であり，主要な分析対象になっていない．このことは，当時の民防空政策全体への建築学会の影響が不明瞭であることも一因であろう[3)]．しかし，同じことは科学技術社会論分野における専門家論の多くについても言えることであろう．本論文でも政策決定プロセスへの学会の影響力については分析対象とせず，あくまで学術分野の専門家集団がリスク評価に取り組んだ歴史的事例の一つを明らかにし，そこに科学技術社会論の観点から分析を加えることを課題としたい．

なお，本論文では建築学会の専門家たちによるリスク評価を論じるが，彼らが実際に「リスク」という言葉を用いて防空対策を論じていたわけではない．リスク学は20世紀後半に発展した学問分野であり(日本リスク研究学会 2019, 10–7)，そのような現代的な概念によって歴史事例を分析することは歴史上の事実関係の理解を歪めかねないため避けるべきではないか，という批判もあるだろう．例えば，彼らはたびたび「市民」という言葉を用いていたが，それには都市の住民といった意味しかなく，民主主義的な含意はなかった．このような点には十分に注意しているが，本論文は科学技術社会論分野への貢献を目的としているため，あえてこれらの概念を分析に用いることにした．現代における戦争リスクについては，これまでにも安全保障の問題として研究が進められており，例えばHeng(2006)は冷戦後の欧米の軍事行動をリスク管理の観点から分析している．また，事業展開などにおける全社的リスク管理(Enterprise Risk Management)でも戦争リスクは分析対象に含まれている．しかし，これらの多くが現代の民主主義社会の組織をリスク管理の主体としており，過去の国家主義社会における戦時リスク，特に民防空やそれと専門家との関係についての研究は，この分野では進んでいない．より身近な現代社会のリスクに研究関心が向きやすいことは理解できるが，この傾向は戦争に関するリスク研究の幅を制約することにもなるだろう．そこに，この歴史研究が貢献できる可能性があると考えている．

また，本論文の分析対象に関して，防空委員会は，焼夷弾対策だけでなく破壊用爆弾や毒ガス弾に対する耐弾構造や気密構造についても研究を進め，空襲がもたらす様々な危害への総合的対策として都市小学校の施設利用や工場などの建築偽装についての指針も発表していた．委員会の中心メンバーであった田辺(1933, chap. 4)も，防空建築の問題に取り組み始めた当初は，耐弾構造への関心が強かったようである．しかし，第2章で論じるように，焼夷弾攻撃こそが日本の都市に致命的損害を引き起こす危険源になるだろうというリスク分析が彼らの共通認識となり，防空委員会では活動の当初から焼夷弾対策が都市防空対策における優先されるべき課題となった．そのため，本論文は都市の木造家屋における焼夷弾対策を主な分析対象とする．

2. 防空委員会の設置に至るまでのリスク認知

最初に，防空委員会の設置に至るまでの，空襲リスクについての学会関係者たちの認識を論じる．建築学会は1923年に関東大震災からの復興に向けた「時局に関する特別委員会」を設置し，後に民防空対策として政策提言していくような内容の建議を帝都復興院総裁に対して行っていた．彼らはこの建議で，木造建築からなる都市の危険性が震災によって改めて明らかになったとして，1666年のロンドン大火や江戸時代の明暦や安政の大火後の対策を例示しながら，防火地区の拡大と耐火建築の推進，焼失地区を活用して土地区画整理を進めるための市街地建築物法と都市計画法の改正や資金助成を訴えていた(建築学会 1923)．

その後，この特別委員会は1926年に活動を終えたが，満洲事変(特に日本が行った錦州爆撃)後の防空への関心の高まりの中で，1932年に改めて「時局に関する委員会」が設置された．この委員会は防火防空建築普及促進小委員会を組織し，1933年9月1日に学会長の佐野利器から各大臣宛に「耐火防空建築普及促進ニ関スル建議」を提出した．関東大震災から10年を経ても東京の不燃化事業は進んでおらず，防火地区の指定は震災での全焼失宅地の15パーセントにも満たなかった(佐野 1933, 1262)．そのため，彼らはこの建議で，新しい非常時局下で新たに生じる空襲という脅威によって関東大震災の惨状が主要都市で再現されかねないとして，現在の防火地区の完成と拡張，その地区内での地下室建築への助成，防火建築への補助金交付地域の拡張や低金利融資を訴えた(建築学会 1933)．1933年に直面することになったリスクの危険源は人為的な兵器であり，1923年のときの自然現象である地震とはまったく異質なものであった．そしてその違いに対して，1933年の提言では空爆からの避難施設としての地下室建築が含まれていた．しかし，両者に共通する致命的な危害としては密集する木造家屋の火災が想定されたため，1933年に提言されたリスク対策は震災復興のための1923年の提言内容を踏襲するものとなった．

このように，特に木造家屋の火災を主要な危害と考え，焼夷弾対策をリスク対策の中心とするリスク認知は，当時の佐野の発言によく表れている．佐野(1933)は，この建議の1か月前のラジオ講演で，東京が空襲によって壊滅的被害を受ける可能性を国内外の大火災を例示しながら次のように警告し，木造家屋の集団を戦慄すべき，呪うべき，排撃すべき対象であると非難していた．

> 今日我等の敵にして若し賢明ならば，必ずや爆破によらず，毒瓦斯によらず，徹頭徹尾，所謂焼夷弾に依て帝都の全混乱，全破壊を企てるであらうと考へられます．実に我々の覚悟と動作との如何に依ては，1台の飛行機に依て焦熱地獄を出現するの可能性を持つて居ります．<u>其訳は我々の帝都は大体に於て未だに木造家屋の集団に依て構成されて居るからであります．</u>［下線は原文ママ］(佐野 1933, 1259)

そして，同時期に建議にまとめていた政策の実現を訴えるとともに，各地区の防護団に対して確固たる信念と奉仕の精神による一致協力した勇敢な消火活動を求めた．

この佐野の講演から数日後に，関東一府四県で防空演習が実施された．建築学会の防火防空建築普及促進小委員会はこの組織的見学を行い，その終了後の座談会で東京工業大学(以下，東工大)の田辺は空襲を非常に恐ろしいと思った出席者に挙手を求めた．それに大多数が挙手したことを確認して，田辺自身も非常に怖いと思ったと述べ，軍部はこの演習で自信を得たと述べていたが，敵機の数やサーチライトの効果などの想定が不十分であろうと批判した(井坂他 1933, 1441–2).

東工大はこの年に警視庁と共同で防空建築研究室を設置し，田辺はその分野の第一人者として活動していた．特に同年 4 月には建築物の災害対策を包括的に論じた著書を出版し，防空建築についても詳しく解説していた(田辺 1933, chap. 4)．その中で，6 機の敵機だけで関東大震災と同程度の火災を引き起こせる計算になるが，焼夷弾を直接消火できる方法はないとして，都市の不燃化が急務であると訴えていた．また，東京帝国大学(以下，東京帝大)の建築学科は，1933 年から 1938 年までに木造家屋の大規模な火災実験を 3 度実施した[4]．教授の岸田日出刀[5] (1946, 49–52) は，その最初の実験で頭髪を焼かれそうになって転がるように窓から逃れる経験をし，その後の実験も通じて火の恐ろしさを強く実感するようになった.

その一方で，軍部に主導された一般社会では，焼夷弾は消火活動によって対応可能とされ，そのための市民の動員が進められていった．1934 年に陸軍科学研究所(1934, 50)は，付近の可燃物への注水によって焼夷弾の延焼を完全に防げることが実験的に示されたとして，それが最も効果的な消火方法であると発表した．そして，焼夷弾の落下を市民がそれぞれ監視し，注水して延焼を防げば，数千数万の発火点も恐れるに足らないと主張した．さらに，1936 年には江戸時代の五人組制度を参考にした地域消防組織の設立を日本橋消防署長が提唱し，翌年に東部防衛司令部や東京市などがそれを市民の行動指針とする家庭防火群組織要綱をまとめた(土田 2010, 181–2, 190–2).

岸田は後に，(彼の自宅のあった千葉県市川市は空地が多く家は疎らであったようだが，それでも)当時の焼夷弾対策への懐疑心を次のように回顧している.

> 三四発の焼夷弾の直撃を受ければ，ちよつと助かりさうにも思へなかつた．木造の家が火に対してどんなに弱いものであるかを，度々の火災実験でよく知つてゐるわたくしのことであるから，防火用水や火叩きは町会からの命令通りに揃へはしたものの，敢闘してよく消火に成功しうるという自信は正直のところどうももてなかつた．甚だ以て怪しからんことだが，盲目蛇に怯ぢず式の蛮勇は何としても出せさうもなかつた．(岸田 1946, 183–4)

建築学会の専門家たちは，火災リスクに対する日本の都市の脆弱性を強く危惧しており，実際の空襲では破壊用爆弾や毒ガス弾よりも焼夷弾による攻撃の方が遥かに深刻な危害をもたらすというリスク分析を共通認識としていった．このリスク認知に大きな影響を与えていたのが，10 年前の関東大震災の共通体験であった．さらには軍部の楽観的な見通しへの懐疑心もあり，後に現実化する空襲被害の規模を 1930 年代前半の時点でおおよそ予見して，都市不燃化政策の推進を繰り返し訴えていた．しかし，彼らが必要と考えるリスク対策と現実との間には大きな差があり，政策提言とリスクコミュニケーションを進めることでその差を埋め合わせていくことが彼らの活動の課題となった．この委員会活動の展開過程を次章で検証していく.

3. リスク評価に基づく防火第一主義と建物疎開

3.1. 防空委員会の活動の開始

序論で述べた通り，防空委員会は焼夷弾だけでなく破壊用爆弾や毒ガス弾への対策も研究対象としていたが，前章で論じたように日本での空襲被害では焼夷弾による火災こそが致命的になると予想して，当初から焼夷弾対策を中心的な課題としていた．そこで本章でも，防空委員会が優先した焼夷弾のリスク評価とその対策方針に注目して議論を進める．

1936年夏に，建築学会会長の内田祥三は会員で陸軍築城部本部長の佐竹保治郎から，都市防空研究を学会としてまとめるための調査機関の設置を提案された．内田もそれまで関心をもって多少の研究はしていたとのことだが，経費と時間がかかり機密事項も多い防空研究を学会として進めることは困難と思われた．しかし，関係者とも相談の上，国の役に立つ重大な仕事であると決心し，その年の12月に防空委員会を設置することになった(内田1941)．

設置にあたっては，学会の主要メンバーで関連組織に所属する，石井桂(警視庁保安部)，内田(東京帝大・学会長)，大熊喜邦(大蔵省営繕管財局・元学会長)，小野二郎(東京市土木局)，佐竹(陸軍築城部)，佐野(日本大学・元学会長)，鈴木鎮雄(宮内省内匠寮)，田辺(東工大)，内藤多仲(早稲田大学・副会長)，中村伝治(横河工務所)，濱田稔(東京帝大)，菱田厚介(内務省都市計画課)の12名が委員になった[6]．第1回委員会は翌年2月に開催され，内田が委員長，田辺が幹事になり，焼夷弾に関する陸軍の実験結果に基づいて活動を進めることになった(都市防空に関する調査委員会1937a)．なお，既存の「時局に関する委員会」は，この防空委員会の他，建築法規，非常時法規，建築資材に関する各委員会の委員長と幹事および学会役員からなる「時局に関する連合委員会」へと1938年に改組され，防空委員会の上部組織となった．

防空委員会はまず，田辺の提案による小冊子『焼夷弾の作用とその対策』を1937年5月に発表した[7]．この小冊子では1–2 kgの小型焼夷弾が対象とされ，それを直接消火することは困難だが，木造家屋では最終的にそれは床に落下してくるため，周囲に可燃物があってもそれらに十分に注水すれば延焼は防げるとされた．そして，この理解を前提として，鉄筋コンクリートによる不燃化は第一目標ではあるが，現状では鉄網モルタル塗やトタン張によって外壁の延焼対策を行うとともに，技術的にも経済的にも難しい屋根や天井の補強はせずに焼夷弾を屋根にとどめないようにし，向こう三軒両隣の防火群によって速やかに消火すること，そのために平時から十分に訓練しておくことが重要とされた．こうして焼夷弾対策では，それを実行する市民の力が重要になるという理解が形成された(都市防空に関する調査委員会1937b, 2–3)．

防空委員会は講演会も全国で開催していった．例えば，約800人が参加した1937年10月の講演会で，田辺(1937)は，1トン積載可の航空機が焼夷弾を投下し，半分が不発，残りの半分が道路や広場などに落下したとしても，関東大震災のときの倍近くから出火して大惨事になると警告し，焼夷弾の屋根の貫通は防げないことが東工大での実験で明らかになっているとして，消火活動のための家庭防火群の人の力(特に家庭を守る婦人の力)の重要性を訴えていた．田辺は，この講演の冒頭で，防空建築の直接的な目的が建物の損害軽減と居住者の生命の安全を図ることにあるとし，間接的には精神的な不安を取り除いて国民の士気を鼓舞することだと述べていた．しかし，結局のところ，士気の鼓舞は都市防空という国家全体の目的のための手段として求められるようになった．濱田(1938a, 3)も同年11月の講演で，焼夷弾の燃焼概況を表1のように示し，焼夷弾の燃焼は「火花を四方に飛散し見るからに物凄い」と述べながらも，焼夷弾は床の上にとどまるため，それをショベルで戸外に放り出すか，部屋の中央に移動させて消火すればよいと説明していた．このような消火活動の難しさはこれらの数値からも想像できるが，濱田(1943, 753–4)は，たとえその家屋が焼失しても，防火改修さえ実施していれば隣家への延焼は防げるため，大火災になる心配はないと説明していた．

表1　焼夷弾の燃焼概況(濱田 1938a, 3)

事項＼弾重量	小型	大型
燃焼猛烈なる時間	45秒–1分	約1.5分
火花高さ	約2 m	約4 m
火花飛散の水平距離(床面にて)	約4 m	約8 m

このように防空委員会では，焼夷弾が大火災に発展するリスクは家屋の防火改修と周囲の可燃物への注水によって防止可能と評価され，そのリスク評価に基づくリスクコミュニケーションが進められることになった．ただし，このリスク評価には，防火改修事業への社会の消極性に加えて，敵の焼夷弾の威力と落下密度の増大による空襲様相の意図的な激甚化，さらにはそのリスク対策を結局のところ現場で消火活動に従事する市民たちの力に期待しているという，幾重にもなる不確実性と脆弱性があった．これらの不確実性と脆弱性を低減するため，防空委員会の専門家たちは，政府に対しては防火改修事業の推進を強く提言するとともに，市民に対しては消火活動への積極的な従事を求めた．そのための一般社会とのリスクコミュニケーション活動の詳細については次章で論じることにして，次節ではまず，彼らが支持していたリスク対策の具体的方針とその根拠を整理しておきたい．

3.2. 防火第一主義というリスク対策

防空委員会は，1938年9月に「本邦都市防空の防火対策としての木造都市改修案」を発表し，学会ではそれを踏まえて「重要都市に於ける既存木造家屋の防火補修強制に関する建議」を内務大臣に提出した．前者の改修案では，木造建築が多い日本の特性に合わせて前述の消火方針を最優先することが「防火第一主義」として定められた(都市防空に関する調査委員会 1938, 1)．

この防火第一主義の下で，長時間の滞在を想定した堅牢な防護室ではなく，迅速に消火活動に移行するまでの一時利用を想定した簡易的な防空壕ないし待避室が奨励されることになった．建築学会は1933年に地下室建築への助成を建議しており，防空委員会でも防護室や地下室の技術的検討が進められていた．石井(1937, 1)は，その調査にあたって「先づ考へねばならぬ事は，市民の生命を空襲禍からどうして救ふかと云ふ問題である．こゝに完全な防護室の構築が必要になつて来る」と述べており，防空委員会としても1940年に小冊子『都市小学校の防空施設とその利用法』を，翌年には避難所研究の成果報告書「既存多層建築物の防護室」を発表している．しかしその一方で，1938年の木造都市改修案では，諸外国では防護室が最も重視されていることを認めながらも，日本ではその主な対象である破壊用爆弾や毒ガス弾よりも焼夷弾の方が被害を広範囲に拡大させやすくリスクが高いとして，「防護室は我が木造都市に於ては防火を前提とせざれば実益尠きこと」(都市防空に関する調査委員会 1938, 2)と評価していた．そして，1940年に小冊子『自家用簡易防空壕及待避所の築造要領』を作成し，原則として市民の消火活動への従事を優先させた．

一般に，大都市の防空演習では緊急避難の訓練も行われていたが，原則として市民には国防の主体として防空活動への積極的な貢献が求められた．この方針には軍内でも異論があり，陸軍省と参謀本部は1940年に『国民防空指導ニ関スル指針』を作成して統一見解をまとめている．この指針では，他国のように避難を進めようとすることは日本の特性についての認識を欠いており，その判断は都市の壊滅を意味するとされた．彼らは軍部に対する市民の理解には懐疑的であった．彼らは，日本人の国民性からして全国民が戦士であるとの覚悟を強調したとしても避難者が出てくることは避けられず，もし避難を一般的に認めてしまうと避難者が続出して収拾困難になるため，全国民が自らの郷土である国土を自ら防衛しなければならず，避難は認められないと結論づけていた(陸軍省，参謀本部 1940, 20–1).

内閣情報局(1941)が発表した「家庭防空の手引き」でも国民には国家全体のための「一死奉公」と一致団結が求められ，防空壕は積極的行動のための待避所であって消極的な避難所ではなく，そもそも退却を考えずに敵弾と戦えば被害はほとんど出ないことが強調された．なお，この手引きでは焼夷弾を「一つの隣組で一発引受けるといふ意気込み」(内閣情報局 1941, 6)が求められており，この想定は開戦当初にあってはむしろ米国側の想定よりも多かった．しかし，実際の空襲ではその10倍ほどの密度で投下され，それにもかかわらず，その様相から落下密度の公表値が修正されることはなく，市民には無謀な消火活動が強いられることになった(大井 2016, chap. 2).

1939年の時点で，建築学会(1939, 1)は6大都市の防火改修に必要な費用を1億円と見積もっており，これは火災による年間費用2億円と比べても合理的に支出可能な経費であると考えていた．そして翌年には，既存木造家屋の外周の防火改修が焦眉の急務であるとの建議を内務大臣に対して行っていた(建築学会 1940)．しかし，1939–40年度で200万円が助成されて600万円程度の工事が進み，さらに1941年度には1200万円程度の事業が進んだが，それでもこれらは必要な改修の5パーセントにも満たなかった(佐野 1941, 780；黒田 2010, 165–79)．この対策が進まなければ，防火第一主義が深刻な被害をもたらすことは容易に想像できた．

空襲リスクの増大に合わせて，防空委員会でも『焼夷弾の作用とその対策』の改訂を重ねる中で大型焼夷弾にも言及するようになり，1943年にはその想定上限を20kgへと倍増させ，それが木造家屋内で発火すれば「火災発生の機会が著しい」という表現に変更することになった(都市防空に関する調査委員会 1943)．また，都市の木造家屋密集地区(隣組約10単位100–150戸)が空襲で全滅した場合の復興計画も作成していた(都市防空第7小委員会 1942)．しかし，何より関東大震災のような大火災への発展を防ぐという基本方針を維持するため，防火第一主義が変更されることはなかった．

これらの防空対策でも国民一人ひとりの生命は重視されていた．しかし，その保護は(少なくとも公的には)戦争での勝利という国家目的のための手段として位置づけられた．1945年に田辺は，防空建築における人命防護の重要性を，防護室との関係で次のような根拠によって正当化している．

> 「人」こそは真に国力の源であり，戦力の泉である．人命防護を全うせずして，防空は決してあり得ない．空襲時の犠牲者を1人でも少くすることは，敵に対しては戦果を挙げしめざる所以であり，我に取つては国土の防衛を全うし，戦力を増強し，究極の勝利に到達する所以となる．空襲戦法が苛烈化して，敵が無辜の市民の殺戮を狙へば狙ふ程，建築防空はその最善最高を尽して，人命防護の為に敢然と闘はねばならぬ．(田辺 1945b, 327)

このように，人命防護は防空建築の目的とされたが，そのことはさらに国防のための手段として位置づけられていた．そこでは，総力戦下の国家主義イデオロギーによって戦争の勝敗にともなう国家全体の利害が優先され，防空活動による市民個人の人命に対するリスクは二次的に評価された．そして，空襲によって都市全体が大火災に発展するリスクが高まり，国家の存続が脅かされる中で，個人の生命に対するリスクは許容せざるを得ないリスクの一つとみなされ，国民にはその大火災リスクを低減するための防空活動への命がけの奉仕が求められた．

3.3. 建物疎開というリスク対策

1943年になってヨーロッパでは連合国によるドイツの都市への無差別爆撃が激化する中で，高まる本土空襲リスクへの対策として着手されたのが分散疎開であった．防空法では1941年の第一次改正で建築物の除去や分散の可能性は規定されていたが，1943年の第二次改正で分散疎開が明記され，建物と人員の両方の疎開が法制化された．そして，その年末には都市疎開実施要綱が閣議決定され，さらに翌年6月には学童疎開促進要綱が閣議決定されて疎開政策が進められていった．

疎開とは，建物と人員，物資の配置を分散させて密度を減らすことによる被害軽減策である．この言葉は林業において木の枝を疎らに剪定する意味で用いられていたが，軍隊用語に転用されて，敵の砲弾からの危害を減らすために部隊の間隔を空ける意味で定着した[8)]．都市を大きな部隊に見立てると，密集する木造家屋を間引き，消火活動に従事できない人たちを減らすことがこれに相当する．濱田(1943, 753)は「疎開とは元来巨大都市の不健全を是正する為に人と物とを地方へ移すこと」であると説明している．田辺も，まずは建物を疎開させることが都市全体の防空対策の本質であると次のように説明している．

> 都市に対する防空上の第1の要求は「疎開」である．然るに都市構成の主体を成すものは建築物である．故に都市の疎開は究極に於て建築物の疎開に帰する．建築物を疎開することは，結果に於て人員並に施設の疎開とも亦一致する．(田辺 1945b, 89)

さらに田辺(1943c)は，ますます熾烈になるであろう次の大戦に備えるためにも，木造都市と過大人口という課題の根本的かつ恒久的な改善に向けて，主要都市を適正な規模に抑えるための国土計画と地方計画の法制化を訴えた．そして，防空に対する人々の心構えの不十分さがその断行の根本的な障害になっており，特に各界の上層部ほど「滅多なことはないだろう」という気持ちを抱きがちで，それが対処を安易な方向に進めているとして，社会に対してリスク認知を改めることを求めた．

疎開政策の推進に対して，防空委員会(1944)は3月に「防火改修促進に関する方策」を，さらには5月に「建築物疎開急施方策」を作成し，防火改修が不十分なまま疎開を進めることは大火災を引き起こすリスクを高めるとして，防火改修事業の緊急確立を関係各所に「切望」した．この具申書では，簡易的な防火改修であっても現下で予想される空襲様相に対しては有効であり，至急の完成も可能であるとして，東京で必要となる防火改修30万棟(年末までに改修予定の4万棟と建物疎開6万棟を除く)の資材や人員が具体的に算出されていた．このように，防空委員会は定量的な科学的助言を進めたが，結局のところ簡易防火改修ですら十分に進まず，1945年3月の東京大空襲では強風という条件も重なって，関東大震災の惨状をさらに上回る空襲様相が現実のものとなった．

空襲による大火災リスクのそもそもの危険源は焼夷弾であり，それは戦闘機や高射砲などの軍事的手段によって，さらにはそれ以前に絶対国防圏の維持によって排除されるべきものであった．しかしそれらの能力を上回る空襲の可能性が現実化する中で実施に踏み切ることになったリスク低減策が建物疎開であった．ただし，社会的費用を抑えるためにも，戦時体制を支える施設や人員を確保するためにも，建物疎開は限定的なものとせざるを得ず，あくまで防火改修の実現が前提とされた．それでも，これらの対策のための社会的費用は大きく，建築工学の専門家にとっては最優先課題であっても政府にとっては対応すべき多様な課題の一つに過ぎず，その進捗状況は専門家として期待する水準には程遠かった．

4. 市民の精神力への期待

防空委員会は建築の専門家として，政府に対しては政策提言を重ねてリスク認知の変更を迫り，市民に対しては講演会小委員会，ポスター図案並標語募集及展示物作成小委員会，パンフレット小委員会，新聞・雑誌利用小委員会，改修案模型製作指導小委員会をそれぞれ設置して普及宣伝事業を組織的に展開していった[9)]．これらの普及活動の中で，防空委員会のメンバーたちは空襲リスクをどのように市民に伝え，彼らが必要と考えるリスク対策と現実の差を埋めようとしたのだろうか．

1937年の講演で濱田(1938a, 2)は，木造家屋からなる日本の都市は世界に類のない非防空都市であり，いかなる技術的対策を講じてもそれ以外に確固たる精神力が必要になるとして，技術と精神を防空の二大要素と位置づけた．そして，「『焼夷弾に遭へば駄目でせう』等と云ふ気の弱い連中は全く防空と関係のない山中にでも入つて仙人の生活でもして貰ひ度い」と述べ，「市民全体が我国軍の意気と同じく決死の覚悟で防空に従事せねばならぬ」と訴えた．なお，防空委員会が1938年末に全国12か所で講演会を開催した際に，濱田(1938b, 1)はその模範回答集を準備し，技術面である防火改修の信頼度については東京帝大や東工大での研究結果より疑いなしと答えるように指示していた．

また，佐野(1938)は同年のラジオ講演で，内地も外地と同じく戦場であり，市民老若男女が必勝の信念をもって敵の空襲と戦い勝たねばならないとし，「老人や病人や赤ん坊の為に避難所や防護室も必要です．然し苟も足腰のたつものは只矢鱈に逃げ隠れることを考ふべきではありません」(佐野 1938, 644)と述べ，焼夷弾との死力を尽くした「肉弾的奮闘」を求めた．さらに，1941年の講演では，防火改修と消防資材の整備は戦車に対する竹槍に相当する応急防備に過ぎないと次のように認めながらも，竹槍がなくても素手でも戦う旺盛な精神を求めた(佐野 1941)．

> 戦争に戦車が本式かも知れぬが，間に合はぬから竹槍でも用意しようといふのです．実に防火改修と消防資材の整備とは竹槍に相当する応急防備であります．然し此の竹槍に相当する応急防備にすらも資材難の為にさつぱり思ふやうな進捗を見ることが出来ませんでした．(佐野 1941, 780)

そして，関東大震災では心構えがなく「只々逃げて仕舞つたから」被害が拡大したとして，力にならない老幼病者は事前に地方に避けさせたいが，小学生以上であれば持ち場からの避難は絶対に禁物であるとし，国家に対する一家の奉仕を「一蓮托生」として求めた．そして，避難は全体への迷惑になるとして，そのような家は排除すべきであると次のように聴衆を煽っていた．

> 若し万一自分の家を空にして逃げたら，後に其の家を襲ふ火を誰が消す．近所丈けの迷惑で終るとは限らない．為に大きな火事にならぬとも限らぬ．そんな不心得者の家は初めから叩きこわして防空壕の資材にでもして仕舞はうではないか．警視総監も叱度許して下さるでせう．(佐野 1941, 781)

佐野(1940)は当時，高度国防国家建設のためには個人主義・自由主義体制を退けて公益主義の新体制を強化していく必要があると述べ，その公益運動としての大政翼賛運動を積極的に支持していた．

この時期に，田辺は1941年4月から10月にかけて戦時下のドイツやイタリアの防空施設を視察している．これらの都市では不燃化対策と防護室の建設が進んでおり，田辺(1943a, 467–73)はこれら他国の例を模範として，推進力のある組織，専門機関による徹底的な研究，そしてその研究成果を即時に実行していく英断と実行の必要性を強く認識した．この認識の下で，田辺(1943a, 463–4；1943b, 510)は序論で言及したように，都市不燃化を進めずに防火を人力に頼ることは人力への負担過重であると強調した．確かにこれは当時の政策への批判ではあるが，田辺はその直前で「国民の旺盛なる防空精神の涵養，防火訓練等の人的要素の重要なることは今更論を俟たぬ」とも述べており，人力の重視そのものを批判していたわけではなかった．田辺(1945a, 192)はその後も，この視察中に体験した7度の空襲を踏まえて，防空技術の優劣はあるにせよ，「『空襲何ものぞ』といふ所謂防空必勝の精神が，国民一人一人の肚の中にしつかり出来てゐれば，空襲は何ら恐るゝに足りない」と著書で訴えていた．すなわち，田辺は既存の政策の方向性には賛同した上で，以前から訴え続けてきた都市不燃化が進んでいないことを改めて批判し，理想的な都市計画の実現を主張していたのであった．

なお，田辺は敗戦直前の1945年8月に出版した専門書では，それまでと同じく精神力の重要性を前提としているが，本土空襲の深刻化に合わせて，さらには専門書ということもあるのだろう，次のように科学の重要性をより強調していた．

> 旺盛なる防空必勝の精神，徹底せる防火訓練等の人的要素涵養の重要なることは，今更論を俟たぬ．然し，精神力のみを以て空襲を防ぐことは出来ぬ．科学の精粋たる航空機並に兵器による空襲に対しては，我々も亦飽くまで建築科学の最善最高を尽して，これと闘つて行かねばならぬ．防空都市建設の必然性と重要性とは正に茲にある．(田辺 1945b, 1)

濱田も1941年1月からベルリンなどに滞在し，田辺と合流して視察を進めていた．濱田(1941)も田辺と同じく，ドイツは空襲を受けても余裕で戦っているとして，防空施設も優れてはいるが，そもそも空襲による攻撃量を過大に見積もって恐れることは慎むべきであると報告していた．さらに，日本は気構えという人的要素において遥かに期待が持てるため，相当に合理的な勇気が出てくるとも述べ，市民の精神力に期待するリスク対策を展開していた．そして，脆弱な都市を強くすることは，この時局が去って物資が豊かになってから，次の戦争に備えた建築家の責務であると述べていた．

防空委員会の専門家たちは，防火改修の完成を最低限の対策として訴え続けていたが，それが不十分な状態であっても現行のリスク対策の方向性を否定せず，理想と現実の差を埋めるための打開策として市民の精神力に訴え続けた．そして，防火改修が進まないことも，社会の認識不足と考えていた．そのため，専門家としての権威に立脚した啓蒙活動が父権的な国家主義の下で展開され，それは現代の科学技術社会論で想定されるような民主主義的な政策形成のための市民との双方向的なリスクコミュニケーションとは程遠いものであった．その活動の中では，当初から空襲が大火災を引き起こす可能性が伝えられていたが，それには人々の恐怖心に訴えることでリスク対策を促そうとする誇張の意図も含まれていただろう．その一方で，空襲に対する強い精神力があればリスクを過剰に恐れる必要はないとして，技術的対策の必要性を軽視させかねない相反したリスク評価も発信していた．こうして，彼らの政策提言の緊急性は彼ら自身のリスクコミュニケーションによっても弱められ，戦局が深刻化する中で将来的な訴えへと後退していった．

5. 専門家たちの敗戦直後の反省

本章では，以上で論じてきた国家主義の下での防空対策について，戦後になって民主主義へとイデオロギーが大きく転換していく中での防空委員会のメンバー自身の評価を，彼らの言説から分析したい．

防空委員会を含む建築学会の戦時的委員会は，学会の再出発にあたって1945年9月に全面的に廃止されることになった．ただし，戦後の学会の都市計画の基本的な理解は，戦前の都市不燃化と建物疎開の方針を継承したものであった．学会が1945年11月に内閣総理大臣と戦災復興院総裁に提出した「戦後都市計画及住宅対策に関する建議」では，大都市の工場の復旧や新設を制限または禁止して地方に疎開させ，東京の大学や高等専門学校も地方に疎開させて大都市の膨張を抑制するとともに，防火地区を大幅に拡張して木造建築を禁止することが訴えられた(内藤 1945b, 3)．

空襲の惨禍の原因について，田辺(1946, 5)は「都市行政上における政治力の貧困と，都市建築上における科学性の欠如に，より大なる反省と自責とを感じなければならぬ」と述べている．彼は，甚大な空襲被害が科学の欠如による必然的な運命であったと次のように反省していた．

> 我国は都市計画なき国であつた．少くとも科学的都市計画のない国であつた．[…] 僅か半歳の戦火によつて，東京を始め一二〇に及ぶ全国の大小都市が，一挙にして壊滅したのも，「科学なき都市」として，いわば必然の運命であつた．(田辺 1947b, 3)

田辺(1953, 2)は「“科学なきものの最後” と題して，戦災都市の惨状を世界に伝えたアメリカのニュース映画に，私の血は逆流した」とも回想しており，科学的な都市計画の実現が敗戦を経た上での目標となっていた．この科学重視という方針も，戦時中から継承され，より明確に認識されるようになった理解であった．

その一方で，田辺(1947b, 99–100)は，不燃都市の建設と都市疎開の強化にあたっては「科学者や専門技術者も亦一層奮励努力，国民の期待に副ひ得る如き研究成果を挙げ，技術報国の誠を致し，真に為政者をして全幅の信頼を置かしめ得る如き実力を涵養するやうに，夙夜精励しなければならぬ」(田辺 1947b, 18)と述べている．彼の掲げる技術報国というスローガンには国家主義的な理解が続いているが，国民の期待に応えるという目標設定には戦後の民主主義的な理解を読み取ることもできる．目標の実現のために精神力を求める姿勢は続いていたが，その訴えの対象は自分たち専門家であり，市民にはもはや消火活動のための精神力は求められなかった．

ただし，社会の認識不足を問題視して，それを啓蒙の対象とする，いわゆる欠如モデルによる理解は続いていた．田辺(1947a)は，国土再建のための建築家の責務として不燃都市の建設と住宅建築の改善を挙げ，特に高等教育の精神面において「矜持の高い，信念の固い，責任感の強い建築家の養成を主眼としなければならぬ」(田辺 1947a, 19)と訴え，次のように述べていた．

> 科学なき都市を現出せしめ，祖国を科学なき国に陥れたものは，為政者の不明を始めとして，国家社会の都市計画や建築に対する著しき認識不足が根本原因であつたに相違ない．然し，我々建築家の努力不足にも確かに大なる責任があつた．我々建築家は，今度こそ都市計画や建築の重要性を為政者を含めた国民の各層各階に対して充分に認識させ，徹底させなければならぬ．(田辺 1947a, 19)

すなわち，国民全体に都市不燃化の認識を徹底させるための政治力と，それをともなう啓蒙活動が戦後の課題とされた．石井(1953)も「何度も同様の災害を繰り返す最大の原因が民度による木造都市の故であるとすれば，そのつみは国民に対する不燃構造についての啓蒙の欠如と政府の不燃建築奨励への熱意の不足によると断ぜざるを得ない」と述べ，戦前への反省を啓蒙や奨励の努力と熱意の不足に帰していた．

内藤は，さらに敗戦の原因そのものも科学と計画の欠如に帰していた．彼は戦後第1号となる学会誌での学会長としての巻頭言で，戦争計画の杜撰さや無謀さを，設計や施工で計画性を求められる専門家としての立場から次のように批判した．

> 尠くも戦争計画なるものが今我々に展開されたのを見ると甚だ杜撰で，各方面に弱点が甚だ多く全く無謀の戦争であつたと良くわかる．建築の設計々画施工等を業とする我々から見れば殊にその感が深い．完全な設計々画なしには如何なる建築も満足には出来ない．之が戦争の場合だと遂には国を亡ぼす．上は陛下に対し奉り，又祖先に対し，子孫に対し誠に申訳ない次第である．唯この上は戦後の建設に再びこの誤りを為さぬ様完全の設計を為し且之を実施してせめてもの御詫びとせねばならぬ．この点で建築家にも非常に大きい責任がある．(内藤 1945a, 1)

彼らの啓蒙主義的な方針には国民の主体性への評価の低さが伺われ，さらには天皇を中心とする家族国家主義の価値観に訴えることも続いているが，いずれにせよ市民ではなく専門家自身の努力不足が反省点となっていた．

以上のような理解の下で，建築学会は1947年に都市不燃化促進委員会を設置し，防空委員会の委員であった伊藤滋がその委員長となり，田辺と濱田，そして田辺とともに防空委員会の幹事になっていた藤田金一郎がその各部会の主査を務めることになった．この委員会は濱田を委員長として1952年に都市不燃化委員会へと改称し，日本工業規格の原案作成などに取り組んでいった．さらに，この委員会で田辺が提唱した，都市不燃化はもはや技術の問題ではなく政治の問題であり，世論を喚起して下からの国民的な政治運動を展開しなければ実現できない，との考えが賛同を集め，1948年に都市不燃化期成同盟(1950年より都市不燃化同盟に改称)が設立された(都市不燃化同盟 1957, 301–19)．また，1950年には日本火災学会が設立され，内田がその初代会長になった．そして，これらの運動の成果として，1952年に耐火建築促進法が制定された．こうして，防空委員会のメンバーたちは，戦後の都市不燃化運動の中心的存在になり，戦時中の活動は防火工学への貢献という観点において文脈が弱められて肯定的に評価されていった．

なお，建築学会が戦時中に簡易的な防火改修を宣伝していたことについては，戦後になってその方針による結果的な被害拡大への責任を問う声もあったようである．このような批判に対して岸田は，簡易防火改修はその時局においてそれ以上の応急措置が考えられないような便法としては適切有効であったと反論している(岸田 1946, 190–4)．自分たちが訴えていたリスク対策が実現困難になっていったこの状況に対して，彼らは専門家としての新しい別の打開策を提言することはできなかった．しかし，そもそも自分たちの専門性の範囲にある課題に対して何の発言もせずにただ傍観しているだけという不作為の方針を取ったり，専門性の範囲を超えるような内容の別のリスク対策を推奨したりするようなことも，専門家としては無責任であろう．例えば，政府や社会に対して市民の集団避難や，さらには停戦や降伏を勧告するような対策も可能性としては考えられなくはないが，それらは専門性から外れているというだけでなく，影響の大きさも計り知れない未知の危害へのリスク移転となる．そのようなリスク移転は，彼ら自身も(少なくとも1945年以前は)求めておらず，念頭にもなかったであろう．

防空委員会はリスク対策の技術的不足を直視せざるを得ない専門的立場にあり，それを十分に認識していた．そして，その不足の埋め合わせを市民の精神力に求めていた．戦後は，戦時中に市民の精神力に訴え続けた姿勢への反省は特になく，精神力に関する反省は市民ではなく自分たち専門家に向けられていった．リスク対策は誰の精神力にどこまで委ねられるべきなのだろうか．あるいは委ねられてよいのだろうか．困難な問題であればなおさら，その克服には精神力も必要とされるだろうし，その判断は難しい．しかし，少なくとも民防空のリスク対策を市民の精神力に依存するような判断を建築の専門家が決めることは専門性からの逸脱になるだろう．逆に，それを専門家の立場から進めようとすると，その説得は権威の力に依拠するものとなり，市民には従属的な姿勢を期待することになる．だからこそ戦後は，戦前の進め方への反省を踏まえて，さらには国家全体の政治体制が民主主義へと転換したことの影響もあって，市民の主体性を喚起する，より民主的な政治運動が志向されたのであろう．

6. 結論：リスク対策における専門家の判断の範囲

建築学会が民防空対策に取り組み始めた当初から，焼夷弾攻撃が関東大震災のような大火災をもたらすリスクが強く認識され，そのリスク対策についての建議が重ねられていった．その中で，実験結果を踏まえた専門的知見として防火第一主義が定められ，市民には防空壕に一時待避しながら積極的に消火活動に貢献する強い精神力が求められた．都市全体の危害軽減を図るための建物疎開も推進されたが，何より防火改修の完成が第一と考えられた．これらは軍部の指導方針に沿うものであったが，軍部や社会に対する自己検閲によるものではなく，専門家として社会に対してリスク対策の見通しを示したい，あるいは示さなければならないという指導的な姿勢によるものであった．

しかし，このように学術的権威として合理的とされた判断が，結果的には被害の拡大を助長させることにもなった．防空委員会は専門家として実験や数値による科学的検証を重視し，政府にはそれに基づく建議を繰り返したが，普及活動では大惨事に発展する可能性を印象づけ，それを簡易防火改修と精神力で乗り切るというメッセージが繰り返された．このようなメッセージは社会のリスク認知を曖昧にするものであり，危機意識の醸成を意図しながらも，リスク評価の甘さと精神論への傾倒を専門家の側からも促すものであった．

なお，このようなリスク評価の甘さと精神論への傾倒は，同時代の指導者たちに共通する姿勢であったとも考えられる．そうすると，上記のような彼らの専門家としての特徴をより明らかにするためには，軍部を含む当時の政府の政策決定や遂行のプロセスについての分析を進め，それらの特徴との比較研究を行うことが必要になってくるだろう．しかし，そのような比較研究を展開することは字数をさらに要することになるため，ここでは今後の課題としておきたい．

また，市民の安全に関して，人命防護は防空委員会のリスク対策の目的と位置づけられていた．しかし，それよりも国家目的が優先され，市民はそのための手段として指導や動員の対象とされており，強い精神力による国家への奉仕が求められる一方で，政治的な判断を行う主体とはみなされていなかった．人命の犠牲が強いられるような戦時において，市民の精神力にどこまで期待できるか，あるいはすべきか，という判断は難しいが，少なくともその判断は建築工学の専門性には含まれないはずである．彼ら自身も，戦前は専門的権威の社会的役割として，そのような判断に踏み込んだ啓蒙活動を積極的に展開したが，戦後はそのような言説は行わなくなったようである．その一方で，彼らは戦後，専門的知見を社会的に共有するだけでなく，市民が政治的判断を主体的に行える民主的な制度を支持するようになった．

本稿で論じてきた事例は国家主義イデオロギーが支配的な社会のものであるが，戦前の日本が民主主義国家であったら何がどれほど異なっていたのだろうか，防空対策や空襲被害は実際のところ改善されたのだろうか．これらの問題は本論文の事例や方法からだけでは分析できないが，このような議論を進めることは民主主義国家が実際に空襲被害の当事者となったり，そのための対策を余儀なくされたりしている現在の世界情勢に対応していく上でも重要なものとなるだろう．この問題のさらなる分析と考察についても今後の課題としたい．

謝辞

本研究はJSPS科研費JP21K00255の助成を受けた．

■注

1）代表的な実態調査としては，『東京大空襲・戦災誌』編集委員会(1973–74)が挙げられる．

2）日本工学会(1939a)は会員学協会の取り組みを情報共有するために1939年1月に時局対策懇談会を開催し，特に土木学会，建築学会，衛生工業協会，照明学会が委員会を組織して防空対策研究に取り組んでいることを把握した．そこで，同年6月にそれら4学協会の代表に加えて内務省，陸軍省，警視庁などの関係者を招いた座談会を開催し，日本工学会の活動についての検討を進めた(日本工学会1939b)．この座談会の司会は(理事長不在のためではあったが)副理事長であった建築学会の佐野利器が務め，佐竹保治郎の論文や防火改修パンフレットが出席者に配布された．これらより，建築学会は日本工学会の会員学協会の中でも防空対策のために積極的に活動していたことがわかる．

3）建築学会の防空委員会そのものではなく各委員の影響力の評価になるだろうが，同委員会の石井，佐竹，菱田，田辺，濱田は各所属組織の代表として東部防衛司令部の防空施設研究会に参加し，さらに内田は委員長，濱田は幹事，そして佐竹と菱田は委員として日本学術振興会の防空科学第32小委員会に所属して日本の民防空研究を進めた．すなわち，建築学会の防空委員会が日本の民防空政策の中心に近いところで研究活動を展開していたことが指摘できる．

4）東京帝大での火災実験の歴史的評価については，都市不燃化同盟(1957, 107–16)や山本(1999, 134–5)を参照せよ．

5）岸田は防空委員会の委員ではなかったが，関係の深い人物として本論文の分析対象とした．

6）防空委員会は1937年5月に「小学校に於ける避難所設備」「工場に於ける灯火管制設備」「偽装関係」「防火設備関係」の各小委員会を組織して委員2名と臨時委員12名を追加し，その後も組織を拡大して1942年5月には計76名の組織になっていた(都市防空に関する調査委員会1942)．

7）この小冊子の基本方針は，東部防衛司令部(1936)が前年に作成した指針を踏襲するものであった．

8）越沢(1991, 194)は「疎開」とは内務省の北村徳太郎と小栗忠七が*Auflockerung*の訳語として導入した防空都市計画の造語であると述べ，この情報を官庁造園技師の佐藤昌からの教示と注釈している．しかし，北村が内務省に入った1921年の『大日本兵語辞典』ではすでに「疎開」が「敵砲弾の危害を減ずる為め展開前進中各々分隊間の間隔を開くこと，而して小部隊は各々一列側面縦隊となるなり」(原田1921, 299)と説明されており，少なくとも造語ではなく北村や小栗以前から軍隊用語として用いられていたことがわかる．なお，内務省の小宮賢一(1943, 5)は，自分が1935年頃に初めて都市計画用語として用いたと述べている(川口2014, 95–6)．

9）この普及宣伝事業の一環として『防火改修パンフレット』が作成され，それ以前にも，簡易防火改修が迅速で安価であることを「紙と木っ端で出来た家」の密集の危険性を多数の写真とともに警告しながら図解した小冊子も作成されていた(建築学会1938)．ポスター図案と標語の懸賞は大日本防空協会と共同で実施された．

■文献

防衛庁防衛研究所戦史室 1968：『本土防空作戦』朝雲新聞社.

濱田稔 1938a：「防空と建築」『建築雑誌』52(634)，1-7.

——— 1938b：「昭和13年11月～12月 建築学会防空防火講演用参考資料」内田祥三関係資料「建築学会都市防空調査委員会　其五」東京都公文書館，000354200.

——— 1941：「戦乱の欧州より帰りて(1)（独逸防空事情）」『建築雑誌』55(681)，964-8.

——— 1943：「都市緊急防火方策：主として防火改修と疎開」『建築雑誌』57(704, 705)，752-6.

原田政右衛門 1921：『大日本兵語辞典』増補改訂版，成武堂（国書刊行会，1980).

Heng, Y.-K. 2006: *War as Risk Management: Strategy and Conflict in an Age of Globalised Risks*, Routledge.

井坂富士夫他 1933：「関東防空演習見学座談会」『建築雑誌』47(576)，1407-77.

石井桂 1937：「防護室」内田祥三関係資料「建築学会都市防空調査委員会　其一」東京都公文書館，000354196.

——— 1953：「都市不燃化について」『建築雑誌』68(801)，1.

浄法寺朝美 1981：『日本防空史：軍・官庁・都市・公共企業・工場・民防空の全貌と空襲被害』原書房.

川口朋子 2014：『建物疎開と都市防空：「非戦災都市」京都の戦中・戦後』京都大学学術出版会.

建築学会 1923：「本会記事」『建築雑誌』37(448)，505-6.

——— 1933：「耐火防空建築普及促進ニ関スル建議」『建築雑誌』47(575)，1291-2.

——— 1938：『焼夷弾と木造都市：「燃えぬ都市」を完成する為に各自の家を簡易防火改修しよう』内田祥三関係資料「建築学会都市防空調査委員会　其六」東京都公文書館，000354201.

——— 1939：『防火改修パンフレット』建築学会.

——— 1940：「重要都市に於ける既存木造家屋の防火改修強制急施方に関する建議」『建築雑誌』54(665)，1.

岸田日出刀 1946：『焦土に立ちて』乾元社.

小宮賢一 1943：「防空と都市の疎開」『建築設備』10(8)，5-6.

越沢明 1991：『東京都市計画物語』日本経済評論社.

黒田康弘 2010：『帝国日本の防空対策：木造家屋密集都市と空襲』新人物往来社.

内閣情報局 1941：「家庭防空の手引き」『週報』256，1-46.

内藤多仲 1945a：「巻頭言」『建築雑誌』59(714)，1.

——— 1945b：「戦後都市計画及住宅対策に関する建議」『建築雑誌』59(715)，2-7.

日本工学会 1939a：「学会時局対策を語る」『工学と工業』54，1-18.

——— 1939b：「防空座談会」『工学と工業』59，1-26.

日本リスク研究学会 2019：『リスク学事典』丸善出版.

大井昌靖 2016：『民防空政策における国民保護：防空から防災へ』錦正社.

陸軍科学研究所 1934：「焼夷弾に対する認識及処置に就て」『偕行社記事』721，49-58.

陸軍省，参謀本部 1940：『国民防空指導ニ関スル指針』陸軍省，参謀本部.

佐野利器 1933：「防空と建築」『建築雑誌』47(575)，1259-64.

——— 1938：「防空と建築」『建築雑誌』52(639)，642-4.

——— 1940：「時局下建築家の覚悟」『建築雑誌』54(669)，938-40.

——— 1941：「戦線の拡散」『建築雑誌』55(679)，779-81.

田辺平学 1933：『耐震建築問答：附 耐風・耐火・防空』丸善.

——— 1937：「投下爆弾と日本家屋」『建築雑誌』51(633)，1473-84.

——— 1943a：『空と国：防空見学・欧米紀行』相模書房.

——— 1943b：「防空恒久策として不燃都市の建設を断行すべし」『建築雑誌』57(700)，507-13.

——— 1943c：「防空上より見たる人口疎開」『建築雑誌』57(704, 705)，748-51.

——— 1945a：『防空教室』研進社.

——— 1945b：『不燃都市：防空都市建設の世界的動向と我国の進路』河出書房.

——— 1946：『都市再建の新構想』朝日新聞社.
——— 1947a：「国土再建と建建家の責務」［原文ママ］『建築雑誌』62(728, 729)，18-9.
——— 1947b：『明日の都市』相模書房.
——— 1953：「諸君に訴える」『建築雑誌』68(801)，2-3.
東部防衛司令部 1936：「木造建築物ニ対スル焼夷弾ノ作用概要及其対策ニ関スル意見」内田祥三関係資料「建築学会都市防空調査委員会　其一」東京都公文書館，000354196.
『東京大空襲・戦災誌』編集委員会 1973-74：『東京大空襲・戦災誌』（全5巻）東京空襲を記録する会.
都市防空第7小委員会 1942：「木造密集街衢に於ける復興計画作成要綱案」内田祥三関係資料「建築学会都市防空調査委員会　其十二」東京都公文書館，000354207.
都市防空に関する調査委員会 1937a：「都市防空ニ関スル調査委員会(第一回)」内田祥三関係資料「建築学会都市防空調査委員会　其一」東京都公文書館，000354196.
——— 1937b：「焼夷弾の作用とその対策」『建築雑誌』51(626)，709-11.
——— 1938：『本邦都市防空の防火対策としての木造都市改修案』建築学会.
——— 1942：「建築学会都市防空ニ関スル調査委員会事業経過(昭和十七年五月一日調査)」内田祥三関係資料「建築学会都市防空調査委員会　其十一」東京都公文書館，000354206.
——— 1943：「焼夷弾の作用とその対策」内田祥三関係資料「建築学会都市防空調査委員会　其十二」東京都公文書館，000354207.
——— 1944：「防火改修促進に関する方策　建築物疎開急施方策」『建築雑誌』58(708)，172-6.
都市不燃化同盟 1957：『都市不燃化運動史』都市不燃化同盟.
土田宏成 2010：『近代日本の「国民防空」体制』神田外語大学出版局.
内田祥三 1941：「昭和16年3月1日　都市防空に関する調査委員会　講演会開会の辞」内田祥三関係資料「建築学会都市防空調査委員会　其九」東京都公文書館，000354204.
山本唯人 1999：「建築学会「都市防空調査委員会」の活動に見る建築管理体制の革新：大都市形成期における「都市政策」と科学者集団」『年報社会学論集』12，131-42.

Risk Assessment and Expectations of Public Mental Power in Civil Air Defense Measures by the Institute of Japanese Architects

NATSUME Kenichi*

Abstract

This article examines the Civil Air Defense Research Committee of the Institute of Japanese Architects and its efforts in risk assessment against air raids on the Japanese mainland during the Pacific War. Established in late 1936, the committee provided various recommendations to the government and worked to spread these ideas among the public. Recognizing the vulnerability of Japan's predominantly wooden cities from the start, the committee anticipated the risk of air raids that would later occur. As preventive measures, they prioritized the principle of fire-fighting-first and promoted a mix of fireproofing and building evacuation strategies. However, the government's inadequate promotion of these measures led the committee to call for strong public engagement to compensate for these deficiencies. The Pacific War's conclusion marked a significant shift towards the democratization of science and technology in Japan. Although these initiatives were initially driven by nationalist ideology, this article reevaluates their activities from a democratic standpoint, including a discussion on their postwar urban fireproofing campaign.

Keywords: Building engineering, Fireproofing, Wartime risk management, Nationalism, Democracy

Received: August 2, 2023; Accepted in final form: May 23, 2024
*Professor, Humanities and Social Sciences Program, Academic Foundations Programs, Kanazawa Institute of Technology; kmynatsume@gmail.com

研究ノート

労働としての学問

渡部麻衣子*

要 旨

本稿では，科学におけるジェンダーの偏りを論じる議論に「学問を労働として捉える視座」をより積極的に取り入れることを提案する．大学に勤務する研究者が，研究以外の業務に追われ，研究に十分な時間を割けていないという，すでに多くの指摘がある学問の現状は，家庭でケアの責任を多く担う研究者にとって特に厳しいものとなっている．これを改善するためには学問が労働であるという認識を共有し，学問の困難な状況を労働論の文脈と接続することが有効であると考える．しかしそのためには，学問を労働に含めることに対して存在する抵抗感を解消する必要がある．そこで本稿では，この抵抗感が労働の位置付けに対する誤解によるものであることを示した上で，労働一般が直面する現代的な困難を踏まえ，そうした困難を学問も共有しており，故に学問を労働の一つに数えることで労働論の文脈においてそれらの困難を理解し，その解消を目指すことを提案したい．

はじめに

本稿では，科学におけるジェンダーの偏りを論じる議論に「学問を労働として捉える視座」をより積極的に取り入れることを提案したい．

ここでは学問を研究活動によって成り立つ知的生産活動と定義する．本稿では，この活動が労働として扱われていないことを問題として指摘し視座の転換を提案する．大学で働く子育て中の研究者に，仕事と子育ての両立実態を聞き取った児島(2021)の調査では，子育て中の研究者が，8 時間以上を職場での勤務に費やしているにも拘わらず，研究の時間が足りない，あるい「研究はほぼ諦めている」と語る状態にあった．大学に勤務する研究者が，研究以外の業務に追われ，研究に十分な時間を割けていない現状は，子育て中か否かに関わらない現代の日本の研究者に共通する困難としてすでに指摘されている．（文部科学省 2022）しかし児島の調査は，この困難が，家庭生活により多くの時間を割く責任を負っている研究者にとって特に厳しいことを示唆している．そして，そうした役割を担っているのは今のところ女性であることが多い．ここから科学におけるジェンダー

2024 年 6 月 18 日受付 2024 年 7 月 9 日掲載決定
* 自治医科大学医学部総合教育部門倫理学・講師，wtnbmk@mac.com

の偏りを，労働時間の分配の不正義という「労働論的問題」として捉える必要があると言える．

しかし，これまで科学におけるジェンダーの偏りを問題として指摘してする議論の中では，ジェンダーの偏りの原因を「労働論的問題」に求める視座が不足してきたのではないだろうか．その原因は，そもそも「学問」を「労働」と捉えることが避けられてきたことにあるように思われる．最近になって「若手研究者の働き方改革」（有馬，小野田 2019）の必要が訴えられるようになっているが，そのような訴えが生じるのは，「好きな仕事だから長時間でも働ける」はずだという職業規範が，研究者の間で共有されてきたためではないかと，有馬と小野田（2019）は述べている．ある授業で本稿のテーマを紹介してみたところ，一人の学生から，学問は「天職」として志されるものであるはずで，労働として捉えるという提案は不快だ，との意見をもらった．この学生の異議申し立てには，学問に対する社会的期待と共に，学問を志す人が内面化する規範が顕れている．一方でこの訴えは「天職」と「労働」の関係性についての誤解を前提としている．「天職」とは「神から授かった仕事」を意味するが，歴史を辿れば「労働」とは一様に全て「天職」として位置付けられるものであった．このように位置付ければ「学問」を「労働」に数えることへの違和感も軽減されるだろうか．しかし問題は，社会が宗教的文脈を失い「労働」を「天職」として位置付けられなくなっていることにある．本稿では，この「労働」一般の困難を「学問」という営みも共有していることを示す．その上でこの現状が，家庭でケアの主体となる人に偏ってより厳しい現状となっていることを踏まえて，科学におけるジェンダーの偏りをめぐる議論に「労働論」の観点を接続することを提案したい．

2. 先行研究とその課題

科学におけるジェンダーの偏りを問題とする研究領域では，これまでに学問の場への参入阻害要因や離脱要因が明らかにされてきた（横山 et al. 2024，井上 et al. 2021，小川 2021）．特に，「コロナ禍」において自宅作業を余儀なくされたことが女性研究者に与えた影響に関する報告（Carreri and Annalisa 2020；Gorska 2021；Yldrim and Murat 2021；Bender 2022）は，学問が研究活動と家庭の「境界調整」（Clark 2000）の上に成り立っていることを示した．また日本の大学教員のワークライフバランスの実態を示した渕上と杉田（2021）や篠原（2020）の研究は重要である．しかし科学技術社会論はこれまで，「公共空間」や「実験室」といった公的領域における活動を主な関心の対象とし，それらの活動が家庭という私的領域との「境界の調整」によって成り立っていることには十分に光を当ててこなかった．その結果，最近ようやく現場から問題として主張されるようになってきた「研究者の過重労働」についても，「職業文化」の問題として捉えられるのにとどまっているように思われる．科学におけるジェンダーの偏りを，「個人は有限の時間を労働と家庭生活にどのように分配しているのか／されるべきなのか」という労働論の観点から分析することは，この偏りを是正する一助となるだけでなく，研究者に共通する「過重労働」を，職業文化の問題としてだけではなく，労働と家庭生活の間の「境界調整」の問題として具体的に論じることを可能にする．

しかしそのためにはまず，学問を労働とみなすことへの違和感を生じさせている誤解を解いておく必要がある．そこで本稿では，まず試論として，学問は労働であると主張することを目指す．

1. 「労働」の定義

本稿で用いる「労働」という用語は labor の訳語である．その定義にはいくつかの種類がある．

上林(2017, 11)は，労働は，一般的には「どちらかといえば必要悪という色彩を帯び，金銭獲得のための手段的価値のみから理解されやすい」と述べている．laborが「出産」を意味することにも「苦しいがやらねばならないこと」という含意が表れているだろう．人間の「活動力」を，「肉体の生物学的過程」に対応する「労働」と，「人工的」世界の生成に対応する「仕事」と，政治生活に対応する「活動」に分けたアーレントの定義は, laborが「出産」も意味する一般的用語法と矛盾しない．しかし，労働の社会的機能に着目する産業社会学は，社会的紐帯としての労働の肯定的役割を重視する．「労働を通し自分が今，ここに生きて社会と結びついている点こそが重要」（上林 2017, 12）とする産業社会学の立場は，「「労働」一般が人間の本質に属する活動として肯定的に理解される」（秋元 2019, 1）伝統的マルクス主義の立場と重なる．産業社会学だけでなく，労働史や労働法といった領域においても，「労働」は，人間の本質に属する活動として研究対象となっている．本稿でも，労働を「必要悪」と捉える一般的理解を離れて，社会的機能を持つ人間にとって本質的な活動と位置付ける．

2. 「天命」としての「労働」

さて「労働史」の領域では，「労働」という概念の歴史的変遷が明らかにされてきた．田中(2008)によれば，18世紀以前のフランス社会では，「労働」は，「神の課した罰や苦役という否定的な意味を持っていた」（田中 2008, 12）．フランス社会と同じくキリスト教を基礎とする西洋社会では，労働を「神に課された苦役」と捉える「労働観」が広く共有されていたはずだ．ただし，それが田中の言うように「否定的な意味」で捉えられていたかについては疑問が残る．というのも，ユダヤ・キリスト教においては，「人間が罪を犯した結果，初めて罰として労働が科せられたのではない」（楠本 2015, 4）からだ．

> 「神は世界を創造し，これ を賜物として人間に与えた．さらに，この賜物で ある被造世界を意味あるものとするために労働し，また守り），維持する働きを人間に委ねた．そもそもそのために人間を創造し，働く使命を与えた．したがって労働は人間の本質的な部分をなす．」（楠本，前掲）

旧約聖書は，神の創造した世界を治めるという人間の「労働」を，アダムとイブがエデンの園から逃げ出す前に人間の使命として定めている．つまりユダヤ・キリスト教的世界観においては，「労働」とは，人間にとって，「原罪」よりも先に神によって定められた「使命」すなわち「天命」なのである．

このようなユダヤ・キリスト教の労働観は，労働を奴隷階層のものとしたギリシア・ローマ時代の価値観とは対照的だ．プラトンやアリストテレスの時代，労働は奴隷のものであり，市民の美徳ではなかった．（酒巻 2020）一方ユダヤ・キリスト教は，人を，原罪を負った「罪人」として神の下に平等に位置付ける．新約聖書にはじまるキリスト教は，イエス・キリストへの信仰に基づいて神に身を捧げることによってのみ，人はこの罪から救われると説く．宗教改革により登場したプロテスタントの教義は，神職者を通じた信仰ではなく，神と個人との直接的な関係性を信仰の基礎とする．そのため個人は主体的に信仰の証を示すことが求められる．このプロテスタンティズムの倫理観に基づくと，労働の結果こそが，神への奉仕の証となる．（ウェーバー 1905；1989）さらに言えば，このようなキリスト教的価値観においては，労働が苦役であることは，労働を否定的に位置付けるのではなく，むしろ肯定的に位置付ける．旧約聖書のヨブ記に描かれるように，苦役であればあるほど，それに取り組むことが信仰の証となるからだ．

このように「労働」の起源を聖書に基づく「使命」すなわち「天命」に求める時には，学問を「労働」の一つに数えることへの抵抗はさほど大きくないのではないだろうか．学問を通して「神の御技」を明らかにすることで，より直接的に信仰を証することができると考えることも可能だからだ．ブルックが紐解いたように，初期の近代科学の発展は，科学者らの信仰によって導かれた．（ブルック 1991；2005）

3. 世俗化された「労働」の内発的意味

しかし問題は，近代以降，「労働」が「天命」という肯定原理を徐々に失ってきた点にある．その原因は，ごく簡単に言えば，「天命」を成り立たせる「信仰」の文脈が社会生活からほぼ失われたことにあるだろう（三宅 2016）．田中によれば，フランス革命以降，「労働」は，「国富の源泉であり，社会的に「有用」な活動として広く認知され」（田中 2008，12）た．「天命」という内発的意味付けを成り立たせる信仰の文脈を失った後に残るのは，「社会的有用性」という外在的価値だけということになる．内発的な意味付けを失った「労働」は，「社会的有用性」のためだけの苦役，すなわち「搾取」と同種の経験となる．

「学問を労働として捉える」という提案が，「学問」をそのような「搾取」の一つに数える提案なのだとしたら，そのような提案が受け入れ難いのはもっともだ．しかし，当然ながらこの提案は，「学問」が本質的に「搾取である」と主張するためのものではない．むしろ「学問」が「搾取」に陥らないためにはどうすればよいかを考えるためにも，まず「学問」を本質的に「搾取ではない労働」として捉える必要がある．

そもそも「学問」に限らずどのような「労働」であっても，「搾取」を望む人はいない．そして，人の基本的権利を擁護する観点からは，どのような「労働」も「搾取」となるべきではない．では，どのような「労働」であれば，「労働」は，本人の経験において「搾取ではない労働」となり得るのかといえば，それは，信仰に代わる「内発的意味付け」を得ることによってであるだろう．

現代において労働を内発的に意味付ける文脈を考える上で，今でもしばしば用いられる「使命」という言葉に注意を向けたい．この場合の「使命」は，信仰に基づく「使命」すなわち「天命」とは質を異にしている．特に，この言葉を営利企業が「我が社の使命」というような形で用いる際には，「社会における存在意義」と同義であることがほとんどだ．また個人が用いる場合には，環境のもたらす「運命」と同義で用いられている．このように用いられる場合の「使命」は，個人がおかれた「社会」や「環境」といった外在的状況から導かれている．この世俗化された「使命」の感覚は，神ではなく，「やり甲斐」という言葉に集約される，外部からの反応，評価，承認の受容に支えられて，「労働」を内発的に意味付ける言葉として，現代において機能している．

一方，より世俗的な価値観として，「“好き”を仕事に」というキャッチフレーズに象徴される仕事観も，現代の日本社会では広く共有されている．有馬と小野田（2019）が書いているように，研究者も「好きな仕事」であるはずだ，という認識に基づく規範を共有してきた．

4. 内発的意味付けと社会的有用性

しかし「使命」や「“好き”を仕事に」といった，労働の世俗化された内発的意味付けに基づいて「学問」を「労働」と結びつけることには問題がある．それは，世俗化された内発的意味付けは，「労働」に社会的有用性を求める力に容易に利用され得る，という問題である．有馬と小野田(2019)は，研究者が「昼夜を問わず実験や執筆，その他の業務を含む労働に励んでいる光景は珍しくない」とし，これが「好きな仕事だから長時間でも働ける」といった意見に基づいているだろうと指摘している．「好きな仕事だから長時間働ける」という意見は，一般には「やり甲斐搾取」と批判されるものだろう．しかし，このような批判的認識は学問の世界でこれまで広まってこなかった．それは「研究者にとっては「研究」こそが労働になる」という前提が，そもそも共有されていないからではないだろうか．

人のあらゆる営みに「社会的有用性」を求める傾向が強まっている今，「労働」に対する，このような「学問」の位置付けを見直す必要が高まっているのではないだろうか．

ここで研究者に求められる「労働」の内実が「研究」に限られるならば，社会的有用性という外在的な意味付けと，内発的な意味付けとの間に整合性が成り立ち，矛盾は小さくなる．しかし，現実には，「社会的有用性」のために行われる「労働」の大部に「研究」のための時間が含まれていない．正規の労働時間内に求められる仕事には，研究者にとっての「“好き”な仕事」を成り立たせる“好き”の要素が限りなく少ない．にも拘わらず，「“好き”な仕事だから」あるいは「使命たるべきだから」と言った論理で苦役が肯定されている．これは「やり甲斐搾取」を通り越した，単なる「搾取」の可能性すらある．

本稿にとって重要なのは，このような状況が，家庭でケア労働を主に担う人たちにより大きな負担となるということだ．

5.「学問」と生活

子育て中の研究者らの生活実態を聞き取った児島(2021, 15)は，「なかなか研究に打ち込むことができないということを，業務量の多さや家事・育児の大変さにその要因を求めるのではなく，自らの怠慢・覚悟のなさ(自己責任)として意味付けている教員もいる」ことに注目している．そうした意味付けは，「私もともと若干研究怠けるタイプなので」，「自分はちょっとそこまではできない」というような言葉で，個人的選択の結果として語られる．しかし「ちょっとそこまではできない」と答えている研究者は，別の箇所で次にように葛藤を吐露している．

> 「家庭生活あんまり考えなければ，そこをがむしゃらに自分のやりたい放題できるんですけど，やっぱりそこに侵食してくるものが出ると，その枠をどう作るかっていうことを自分で決めなきゃいけないのが難しい．」(児島 2021, 18)

「どこまでやるのか」の枠を決めるための外在的指標がないために，「生活を犠牲にした枠を選択し得た人」がより評価される構造が，学問にはある．

児島(2021)は，この問題が，研究が「賃労働」の枠外におかれていることによって生じているのではないかと述べている．児島の研究では，研究者自身が，研究を，賃金の対象とみなしていない場合があった．それらの研究者は，雇用主から支払われる賃金は，研究以外の大学の業務に対する対価であり，研究に対するものではないと認識しているのだ．ちなみに，児島のインタビューした 10 名の研究者は全員，日に 8 時間以上勤務していた．しかしそこに「研究」の時間はほとんど含まれていない．

「研究とはなんであろうか．私的な趣味なのだろうか．」（児島 2021，23）

児島の調査対象である子育て中の人だけでなく，介護も含めたケアの義務を負う研究者は，研究のための「余暇の時間」など取れない．

6．労働としての学問へ

「学問」が「労働」としてみなされていないことによって生じている諸問題を認識し，改善に向けて行動することは容易ではない．なぜなら，学問が労働としてみなされていない構造によって生じる個人的な困難は，実際にはごく小さな日々の出来事として経験されることが多いからだ．たとえばケア労働という「セカンドシフト」（ホックシールド 1989：1990）のために「睡眠時間が短くて常に眠い」という経験は，深刻な病に至るまでは，よくある小さな不満としてしか認識できない． あるいは，学生や非正規雇用の身分で子どもを産み育てることに対する上司や同僚や世間のまなざしは，その瞬間ごとの「嫌な感じ」でしかない．しかし，「マイクロアグレッション」（スー 2010：2022）とも呼ばれるこれらの小さな日々の出来事の積み重ねが，学問の本質とは全く別の次元で，学問への意志を削いでいく．そしてそうした経験は，男女問わず，家庭においてケアの主体となる人に偏って多く生じている．このような状態は，社会の中にケアを正当に分配することを求める「ケア倫理」の立場からも，不当であると言える．この状況を変えるために，まず，学問を労働と位置付け，科学におけるジェンダーの偏りをめぐる議論を，基本的人権と社会正義を擁護する観点から，人の有限の時間は社会の中でどのように分配されるべきか，論じる労働論の文脈に接続することを提案したい．

謝辞

本稿は日本学術振興会の助成を受け実施中の研究「『人の身体を対象とする科学技術』の社会的位置付けとジェンダー規範の関係の研究」（23KK0035）の一環として提出するものです．

■文献

Bender, S., Kristina, S. Brown, D. L. Hensley K.,and Olga V. 2022: "Academic Women and Their Children: Parenting during COVID-19 and the Impact on Scholarly Productivity," *Family Relations*, 71(1), 46–67.

ブルック J. H. 2005: 田中靖夫訳『科学と宗教―合理的自然観のパラドクス』工作舎；Brooke, J. Hedley. *Science and Religion-Some Historical Perspectives*. Cambridge University press. 1991.

Carreri, A., Annalisa, D. 2020: "Academic and Research Work from Home During the COVID-19 Pandemic in Italy: A Gender Perspective." *Italian Sociological Review* 10: Vol 10, 821.

Clark, S. C. 2000: "Work/Family Border Theory: A New Theory of Work/Family Balance." *Human Relations* 53(6), 747–70.

Górska, A. M. K., Kulicka, Z. S., Dorota, D. 2021: "Deepening Inequalities: What Did COVID-19 Reveal about the Gendered Nature of Academic Work?" *Gender, Work & Organization* 28(4), 1546–61.

スー・デラルド・ウィン 2020：マイクロアグレッション研究会訳『日常生活に埋め込まれたマイクロアグレッション――人種，ジェンダー，性的指向：マイノリティに向けられる無意識の差別』明石書店；

Sue, D. W., *Microaggressions in Everyday Life: Race, Gender, and Sexual Orientation*, Wiley, 2010.
Yildirim, T. Murat, Hande Eslen-Ziya. 2021: “The Differential Impact of COVID-19 on the Work Conditions of Women and Men Academics during the Lockdown.” *Gender,Work & Organization* 28(S1), 243–9.
ウェーバー，マックス 1989：大塚久雄訳『プロテスタンティズムの倫理と資本主義の精神』岩波文庫；Weber Max, *Die protestantische Ethik und der Geist des Kapitalismus*.1905.
秋元由裕 2019：「後期マルクスの疎外論：『資本論』における労働の病理学」『日本哲学会・林基金二〇一八年度若手研究者研究助成研究成果報告書』
有馬陽介，小野田淳人 2019：「若手研究者の働き方改革」『実験医学』37(6),
井上敦，一方井祐子，南崎梓，加納圭，マッカイユアン，横山広美 2021：「高校生のジェンダーステレオタイプと理系への進路希望」『科学技術社会論学会』19，64–78.
小川眞里子 2021：「日本のSTEMM分野における女性人材の歴史」『科学技術社会論学会』19，43-52.
上林千恵子 2017：「労働とは：社会学の観点から」『日本労働研究雑誌』11–13.
楠本史 2015：「旧約の労働観Abad をめぐって」『北陸学院大学・北陸学院大学短期大学部研究紀要』2(2)，1–13.
児島功和 2021：「子育て中の大学教員はどのように仕事と家庭生活のバランスをとっているのか」『現象と秩序』15，1–24.
酒巻秀明 2020：「労働概念の歴史—古典古代から宗教改革まで」『東京女子大学社会学年報』8，55–66.
篠原さやか 2020：「女性研究者のキャリア形成とワーク・ライフ・バランス」『日本労働研究雑誌』62(9)，4–17.
田中拓道 2008：「労働の再定義—現代フランス福祉国家論における国家・市場・社会」『年報政治学』59(1)，111–36.
渕上ゆかり，杉田菜穂 2021：「大学教員のワーク・ライフ・バランス実態と求められる職場環境改善支援」『日本教育工学会論文誌』44(4)，409–18.
ホックシールド, A. R. 1990：田中和子訳『セカンドシフト：第二の勤務　アメリカ共働き革命』朝日新聞社；Hockschiled, A. R. *Second Shift: Working Families and the Revolution at Home*. Viking, 1989.
三宅章介 2016：「「天職観」の歴史的変遷過程に関する一考察」『産業教育学研究』46(2)，1–10.
文部科学省 2022：『令和 4 年版科学技術・イノベーション白書』
横山広美，一方井祐子，井上敦，南崎梓，加納圭，マッカイユアン 2024：「なぜ理工系に女性が少ないのか」『工学教育』72(1)，72，18–9.

Science as Labor

WATANABE Maiko *

Abstract

In this paper, I propose to incorporate more actively a 'view of science as labor' into the current discussions on gender imbalance of academia. The difficult situations shared by researchers in general that there is not enough time for research due to overload of managerial tasks are now actively discussed. This current situation of academia is especially severe for researchers with domestic responsibilities as carers at home. Currently those researchers are often women. We propose that sharing of the view that perceives academia as one of labors is useful to rectify this situation, for it connects the issue to the field of labor theories. However, there seems to be a reluctance if not resistance to perceive academic activities as labors. Thus in this paper, we will first resolve this reluctance by scrutinizing the relationship between labor and academia. We will clarify that the academia shares the contemporary difficulties of labor in general, and argue that existing labor theories may help developing the discussions on how to resolve the gender imbalance of academia.

Keywords: academia, labor, gender

Received: June 18, 2024; Accepted in final form: July 9, 2024
*Jichi Medical University, Department of General Education, Lecture; wtnbmk@mac.com

情報技術と事務作業

「無駄」な仕事をめぐる科学技術社会論的研究の可能性

福本江利子*

要　旨

本稿の目的は，情報技術に関する科学技術社会論的研究としての「無駄」な仕事研究の試論を提示することである．情報技術は事務作業およびその「無駄」の増減と密接な関係にあり，人工知能関連技術の急速な普及はさらなる変化をもたらしている．しかしながら，情報技術に関する人文学・社会科学的研究と，事務作業と「無駄」に関わるテーマの研究群との間には一定の距離がある．本稿ではまず，科学技術社会論との関連が深い英文の学術誌4誌と和文の学術誌2誌に掲載された論文と，Society for Social Studies of Science（4S）の2003年以降の年会のうち11の年会でのセッションから人工知能に関連するものを抽出し，同分野における人工知能関連の研究活動の動向を検討する．また，事務と「無駄」な仕事に関連する概念として，レッドテープと事務的負担，監査，ブルシット・ジョブについて概観する．これらをふまえて，情報技術と「無駄」な事務作業についての科学技術社会論的研究として取り組む意義のある観点として，情報と人間，研究システム，そして「科学と社会」の取り組み，の3つを提示する．

1．はじめに

本稿の目的は，情報技術に関する科学技術社会論的研究としての「無駄」な仕事研究の試論を提示することである．特に人工知能は1956年にartificial intelligence（AI）という用語が誕生してから数十年の間にブームを繰り返し，人工知能についての人文学・社会科学的な研究の蓄積も進んでいる（例えばPasquale 2015；江間 2018；Noble 2018；Zuboff 2019；Coeckelbergh 2020；2022；日本科学協会 2021）．一方で，「無駄」である，あるいはそう認識される仕事や事務作業，しくみについてはレッドテープ，事務的負担，監査，そしてブルシット・ジョブなどを対象とした研究蓄積がある[1)]（Kaufman 1977；Bozeman 1993；Power 1997；Strathern 2000；Graeber 2018）．これらの研究群の間には一定の距離があるが，情報技術は，「無駄」な作業の増減だけでなく，その実施のあり方，そして「無駄」の意味そのものとも密接な関係にある．本稿では，科学技術社会論に関連する学術誌と学会における人工知能関連の研究活動の動向と，事務と「無駄」な仕事に関する

2024年7月4日受付　2024年7月20日掲載決定
*東京大学総合文化研究科・講師，efukumoto@g.ecc.u-tokyo.ac.jp

諸概念を検討し，両者の界面で意義をもちうる３つの研究観点を示す．

２．科学技術社会論分野における人工知能関連研究：関連学術誌と学会での動向

人工知能を含む情報技術への研究関心は科学技術社会論および隣接する諸分野でも高まっており，説明可能性や透明性，公平性，幻覚のような技術的かつ社会的側面，そしてその政治性やガバナンスのあり方，科学研究や性愛のあり方への影響など多様な観点の研究がある（例えばCoekelbergh 2020；稲葉他 2020；Bareis and Katzenbach 2022；中尾 2022；鈴木他 2023）．急速に蓄積が進むこれらの研究群には関心が集まる一定のトピックや議論があるが，それらには国や学術誌による差異や経路依存も想定される[2)]．また，ここでは主に人工知能に関する科学技術社会論分野の研究活動動向に焦点を置くが，関連する研究動向の例として，情報系の専門家や歴史研究者によって蓄積され米国の技術史学会でも主要分野のひとつとなっているコンピューティング史の領域がある[3)]（佐藤他 2008；喜多 2017）．

ここでは，科学技術社会論分野での人工知能に関する研究活動を，学術誌の論文と国際学会のセッションに着目して概観する．学術誌は，1970 年代創刊の国際誌*Social Studies of Science*（SSS）と*Science, Technology, & Human Values*（STHV），東アジア圏に基盤がある 2007 年創刊の*East Asian Science, Technology and Society*（EASTS），責任ある研究とイノベーションに特化した 2014 年創刊のJournal of Responsible Innovation（JRI），そして 2002 年創刊の『科学技術社会論研究』と 1992 年創刊の『年報 科学・技術・社会』の合計６誌における創刊から 2024 年７月末までに掲載が確認できた論文を対象とする[4)]．国際学会は，Society for Social Studies of Science（4S）が 1976 年以降に毎年開催している年会のうち 2003 年以降の隔年 11 回分の年会におけるセッションを対象とする[5)]．英文誌では各誌の公式ウェブサイトの論文検索機能，和文誌では各号の目次の確認，4Sの年会では最終プログラムのPDFファイルの文字検索機能によって，タイトルに以下の用語を１つまたは複数含む論文とセッションを抽出した．

- artificial intelligence，AI，人工知能
- machine learning，機械学習
- algorithm，アルゴリズム

これらの用語群の限定性と，タイトル以外の部分に該当用語を含む論文とセッションの存在に注意が必要であるが，関連する研究活動の動向を大まかに捉えるにはこれらの用語群で十分であると判断した．

まず，6 誌で掲載された該当論文のタイトルを表１に示す．書評とイベント実施報告は除外した．

表１．該当論文一覧（筆者作成）

誌名	年	巻号	タイトル
SSS	1989	19(2)	A Co-Word Study of Artificial Intelligence
	1989	19(4)	Artificial Intelligence and the Attributional Model of Scientific Discovery
	1992	22(1)	AI-Vey!: Response to Slezak
	1993	23(3)	Engineering Knowledge: The Construction of Knowledge in Artificial Intelligence
	1998	28(1)	Recombination, Rationality, Reductionism and Romantic Reactions: Culture, Computers, and the Genetic Algorithm

	2012	42(1)	Is chess the drosophila of artificial intelligence? A social history of an algorithm
	2017	47(6)	We get the algorithms of our ground truths: Designing referential databases in digital image processing
	2018	48(1)	Machine learning, social learning and the governance of self-driving cars
	2018	48(2)	Algorithmic psychometrics and the scalable subject
	2019	49(4)	Following the algorithm: How epidemiological risk-scores do accountability
	2022	52(2)	Systemic failures and organizational risk management in algorithmic trading: Normal accidents and high reliability in financial markets
	2023	53(5)	Enabling 'AI'? The situated production of commensurabilities
	2023	53(5)	Interfacing AlphaGo: Embodied play, object agency, and algorithmic drama
	2023	53(5)	Eye for an AI: More-than-seeing, fauxtomation, and the enactment of uncertain data in digital pathology
	2023	53(5)	Executive-centered AI? Designing predictive systems for the public sector
	2023	53(5)	Groundwork for AI: Enforcing a benchmark for neoantigen prediction in personalized cancer immunotherapy
	2024	54(1)	And say the AI responded? Dancing around 'autonomy' in AI/human encounters
STHV	1993	18(4)	The Construction of Work in Artificial Intelligence
	2016	41(1)	Governing Algorithms: Myth, Mess, and Methods
	2016	41(1)	Algorithms, Governance, and Governmentality: On Governing Academic Writing
	2016	41(1)	Bearing Account-able Witness to the Ethical Algorithmic System
	2016	41(1)	Can an Algorithm be Agonistic? Ten Scenes from Life in Calculated Publics
	2016	41(1)	Toward an Ethics of Algorithms: Convening, Observation, Probability, and Timeliness
	2016	41(1)	The Trouble with Algorithmic Decisions: An Analytic Road Map to Examine Efficiency and Fairness in Automated and Opaque Decision Making
	2017	42(4)	Managing Ambiguities at the Edge of Knowledge: Research Strategy and Artificial Intelligence Labs in an Era of Academic Capitalism
	2020	45(4)	Styles of Valuation: Algorithms and Agency in High-throughput Bioscience
	2020	45(5)	Bored Techies Being Casually Racist: Race as Algorithm
	2021	46(1)	Methodology, Legend, and Rhetoric: The Constructions of AI by Academia, Industry, and Policy Groups for Lifelong Learning
	2021	46(2)	Who Gets to Choose? On the Socio-algorithmic Construction of Choice
	2022	47(2)	The Algorithms of Mindfulness
	2022	47(4)	Seeing Like a State, Enacting Like an Algorithm: (Re)assembling Contact Tracing and Risk Assessment during the COVID-19 Pandemic
	2022	47(4)	Engaging Critically with Algorithms: Conceptual and Performative Interventions
	2022	47(5)	Talking AI into Being: The Narratives and Imaginaries of National AI Strategies and Their Performative Politics

	2023	48(1)	Predicting Success in the Embryology Lab: The Use of Algorithmic Technologies in Knowledge Production
	2023	48(3)	Artificial Intelligence from Colonial India: Race, Statistics, and Facial Recognition in the Global South
	online first		The Performativity of AI-powered Event Detection: How AI Creates a Racialized Protest and Why Looking for Bias Is Not a Solution
	online first		Sensor-algorithmic Virtuality: Machinic World-making on Mars
EASTS	2024	18(2)	An Introduction to Robots and Artificial Intelligence for Healthcare in Japan and South Korea
	2024	18(2)	Pattern Identification and Acupuncture Prescriptions Based on Real-World Data Using Artificial Intelligence
	2024	18(2)	The Development of AI Ethics in Japan: Ethics-washing Society 5.0?
	2024	18(2)	A Tough Balancing Act – The Evolving AI Governance in Korea
JRI	2018	5(3)	Chance as a value for artificial intelligence
	2023	10(1)	Ethical, political and epistemic implications of machine learning (mis) information classification: insights from an interdisciplinary collaboration between social and data scientists
	2024	11(1)	'We have opened a can of worms': using collaborative ethnography to advance responsible artificial intelligence innovation
	2024	11(1)	Refusing participation: hesitations about designing responsible patient engagement with artificial intelligence in healthcare
	2024	11(1)	Dual use concerns of generative AI and large language models
科学技術社会論研究	2018	16	人工知能社会のあるべき姿を求めて
	2018	16	人工知能の将来と人間・社会
	2018	16	人工知能の軍事応用－世界の現状と日本の選択
	2018	16	人―機械のインタフェースとインタラクション―人工知能の視点から
	2018	16	人工知能とテクノロジーアセスメント－枠組み・体制と実験的試み
	2018	16	アルゴリズムと公正―State v. Loomis判決を素材に
	2018	16	ロボットや人工知能に関する社会的議論の現状について
年報 科学・技術・社会	2023	32	職場へのAI導入の必要性とジレンマ：GPAI・2021年・2022年調査から

該当論文は1980年代末以降に生じており，2000年代には該当論文がない．また，該当論文の多くは2010年代後半以降に集中していることは，人工知能関連技術の研究開発および社会での利用の進展に伴う社会的論争の発生と無関係ではないだろう．

表1の該当論文には，医療，軍事，チェスや囲碁，生成AI，科学研究などに関するもの，バイアス，アカウンタビリティや公正，ガバナンス及び倫理を含む特定の概念に着目するものなど多様な関心がある．なお，2023年のSSS53(5)号では「Enabling 'AI'? The situated production of commensurabilities」，2016年のSTHV 41(1)号では「Governing Algorithms: Myth, Mess, and Methods」，2024年のEASTS18(2)号では「Robots and Artificial Intelligence for Healthcare in Japan and South Korea」，2018年の『科学技術社会論研究』16号では「人工知能のあるべき姿を求めて」という関連特集があるため該当論文数が多い．SSSでの最初の該当論文は1989年に

Notes and Lettersとして掲載された「A Co-Word Study of Artificial Intelligence」(Courtial and Law 1989)[6]，STHVの最初の該当論文は人工知能研究開発コミュニティにおけるエキスパートシステムの構築についてのフィールドワーク研究(Forsythe 1993)である．EASTSでは2024年の特集号の論文，JRIでは計5件が該当する．『科学技術社会論研究』の1号から22号で該当するのは2018年に発行された16号の関連特集の7件のみで，『年報 科学・技術・社会』の1巻から32巻での該当論文は2023年の1件である[7]．

また，4S年会での該当セッションは，科学技術社会論分野での人工知能への関心動向を示す一側面である．過去の4S年会ウェブサイト経由でのプログラムの最終版ファイルの入手可能性を考慮して，2003年から2023年の間の隔年，北米での開催分である11の年会(Atlanta 2003, Pasadena 2005，Montreal 2007，Washington DC 2009，Cleveland 2011，San Diego 2013, Denver 2015，Boston 2017，New Orleans 2019，Toronto 2021，Honolulu 2023)を対象とする[8]．2003，2005，2007，2009，2011年の年会では該当用語を含む発表が存在する場合はあったものの該当セッションがなかったため[9]，表2には2013年以降の6つの年会についての結果を示す．なお，全体セッションと「Making and doing」は除外した．

表2．該当セッション一覧(筆者作成)

年会	セッション名(セッション番号)
2013	Algorithmic Living I, II (014, 035)
	Machine Learning Worlds: Politics and Practices (201)
2015	Automated Actors Online: Algorithms and Bots (244)
2017	Artificial Intelligence: Mediating Coexistence (131)
	Synthetic Actors II: Algorithms and Databases as Synthetic Actors (210)
	Making Algorithms: Inscriptions, Benchmarks and Computers (234)
	Algorithms and their Politics (265)
	Algorithms in/of Culture: Exploring the Global Reach of Algorithms (339)
2019	Automation, Skill and Identity in an Age of AI I, II (003, 021)
	Text-Based Machine Learning, Big Data, and the Social Study of Science I, II (020, 040)
	The Social Life of Algorithms I, II (062, 084)
	Lab Studies Reloaded? Machine Learning, Ethnography, and Critical STS (067)
	Disrupting Algorithms: Innovating Work and Life in the Digital Economy I, II, III (174, 198, 222)
	Algorithms at Work: The Practice of Prediction I, II, III (177, 201, 225)
	Disturbances, Recreation, and Renovation of Labor: AI, Robots, Platforms, and Algorithms I, II (310, 334)
	Working with Algorithms, Thinking through Automation (348)
	Constellation Thinking and AI Ethics (357)
	Regenerating Algorithms (380)
2021	4S Decolonial AI: Possibilities and Praxis (004)
	AI, Cyborgs, Robots and Religion I, II (007, 026)
	Socio-cultural dimensions of AI I, II (022, 044)
	Artificial Intelligence, Health and Knowledge: Data Infrastructures for the Life Itself I, II (028, 051)

	Circulation of knowledge and know-how on big data and artificial intelligence in the global South (050)
	AI and inequalities in medicine and health care: global perspectives (060)
	Decolonizing the Governance of Technoscience: Bioinformation and AI in the Global South (080)
	Critical datafication, platformization and algorithmic cultures from Latin America and the Global South I, II, III (089, 118, 156)
	Templates / Plantillas / Modelos I: Politics and ethics of data and algorithms (244)
	The Algorithmic Translation of Expertise: Machine Learning and Expert Practices I, II (264, 297)
	Power After AI I, II (320, 346)
2023	AI, STS, and Institutional Theory Part 1, 2, 3 (17, 44, 80)
	The speculative present of AI: Implications, possibilities, and where we are(n't) going from here Part 1, 2, 3 (21, 47, 84)
	What is sociological about AI? (112)
	Machine Desires: Sexual Histories, Regulations, and Experiments with Artificial Intelligence and Automation (129)
	Big data and artificial intelligence global asymmetries: infrastructures, skills, uses, value and side effects Part 1, 2, 3 (144, 173, 202)
	Trusting AI: Infrastructures of sharing, but with whom, by whom, for whom? Part 1, 2 (164, 195)
	Robotic & AI imaginaries in agriculture: Between mundane and speculative futures Part 1, 2 (186, 212)
	Cyborg Writing within Academia in the Age of Generative AI (277)
	Navigating the Complexities of Trustworthy AI in Healthcare: Ethical, Legal, Technical, Epistemic, and Societal Aspects Part 1, 2 (290, 313)
	Algorithmic Engagements (349)
	Configuring the (w)hole: Algorithmic Systems, Endangered Ecologies, and Human Interconnectedness (373)

セッションのタイトルには，倫理，宗教，医療，専門性，脱植民地，南北問題，ガバナンスなど多様なテーマが表れている．また，表2には含まれないが，該当セッション以外のセッションで該当用語をタイトルに含む発表と，autonomousやbig dataのような他の関連用語を含むセッションと発表も増加している．

以上に示した科学技術社会論分野における人工知能をめぐる研究活動の状況は，研究関心の高まりと多様性を示している．科学技術社会論では，これまでも原子力やナノテクノロジーのように関心が集まる一定の研究対象が存在してきた．これはその時々の萌芽的あるいは進展が急速な科学や技術の存在，社会的論争そして研究資金源の状況とも関連しており，関心の集中と推移そのものは問題でないが，研究対象と分析の射程の固定化と経路依存には注意が必要である．本稿で扱う「無駄」な事務作業への着目は，これまでの科学技術社会論分野における人工知能と情報技術の研究とは異なる関心に基づき新たな研究展開を拓く可能性を有している．

3．「無駄」な事務作業に関連する諸概念：レッドテープ，事務的負担，監査，ブルシット・ジョブ

本稿で着目するのは，科学技術社会論における人工知能や情報技術の研究で十分に関心が払われてこなかった，事務と情報技術，特に「無駄」に焦点を置いた研究の可能性である．ここで，日本

語でお役所仕事としばしば形容されるような煩雑で非効率な事務作業との関連が深い，レッドテープ，事務的負担，監査，ブルシット・ジョブの概念を概観する．これらには，実際に「無駄」な仕事や作業と，実態はそうでないが「無駄」と認知されるものが混在し，「無駄」の定義も問題であるが，その探求は本稿の範疇ではない．なお，レッドテープと事務的負担の研究については福本(2022)の動向解説がある．

日本語で繁文縟礼やお役所仕事と訳されるレッドテープは，英国などで役所の公文書を赤い紐で縛って保管していた慣習に由来する，英語圏で一般的な用語である．レッドテープは官僚制の逆機能のひとつでもあり(Merton 1940；Gouldner 1952)，主に行政学分野で研究が進んできた．レッドテープを主題とする古典的書籍と位置づけられるKaufman(1977)では，レッドテープは何らかの目的がある規制や政府の取り組みの副産物のような存在であり，ある人にとって煩わしい手続きも，何らかの目的のために設けられた必要なものである場合が多いと想定されている．その後，レッドテープを「効力をもち，その遵守のための負担がかかるが，本来の意図された正当な目的に資さないルール，規制，手続き(Bozeman 2000, 12)」と定義し，ルールに基盤を置く病理的レッドテープに特化してその類型，発生・増幅要因，対処法を検討したBozeman (1993；2000)を契機として，1990年代以降に米国および欧州の行政学を中心にレッドテープ研究が展開した．これらに加えて，近年の事務的負担研究では，学習コスト，心理コスト，遵守コストという3つの要素を基盤として，公的サービスの提供のあり方や市民のアクセス，これらのコストを削減する方途などに焦点がある[10)] (Herd et al. 2013；Moynihan et al. 2015；Herd and Moynihan 2018)．レッドテープや事務的負担は，官民の区分や組織の大小に関わらず社会に遍在している．

監査社会は，英国における監査の爆発的拡張(audit explosion)とそこでの過剰なチェックという病理を指す概念として提示された(Power 1994；Power 1997)．Power(1997)は，統制システムに焦点を当てた監査の制度と文化について，監査可能なパフォーマンスの追求，信頼やアカウンタビリティなどの観点から，研究者や看護師のような人々が被監査者となる過程を取り上げつつ多面的で鋭い考察を示している．研究と大学に関しても，学術的研究の監査としての英国のResearch Assessment Exercise (RAE)および教育関連の監査に触れられているが，研究についての監査と評価，それに基づく資金配分を強化する傾向は今日も日本を含む様々な国で続いている．研究者のような個人そして大学のような組織が対応する個別の事務作業としての「無駄」な仕事に関しては，政策や監査のような大きな枠組み自体の妥当性とあり方，そこでの情報技術の介在のあり方の再考が必要である場合も多い．なお，学術界の研究活動や研究組織に関する監査については，人類学者らによる論集も出版されている(Strathern 2000)．

さらに，「無駄」な仕事に深く関連し，情報技術の進展に伴いさらなる注目を要する概念としてブルシット・ジョブが挙げられる．ブルシット・ジョブは日本語で「クソどうでもいい仕事」とも訳され，近年日本でも注目を集めている(Graeber 2018；グレーバー 2020；酒井 2021；大澤，千葉 2022)．ブルシット・ジョブの実用的定義は次のとおりである．

> 「被雇用者本人でさえ，その存在を正当化しがたいほど，完璧に無意味で，不必要で，有害でもある有償の雇用の形態である．とはいえ，その雇用条件の一環として，本人は，そうではないと取り繕わなければならないように感じている．（グレーバー 2020, 27-8）」

この定義には主観が含まれる．また，無意味な(pointless)仕事であるブルシット・ジョブは報酬や労働条件が優良である一方で，割に合わない(bad)仕事であるシット・ジョブ(shit job)は社会に明確に貢献するものの報酬や処遇がぞんざいであるという（グレーバー 2020, 33）．会計士，エンジニア，大学教員，販売員など様々な職にブルシットあるいはシットな要素が含まれうるが，事務作業と「無駄」はそのような要素を構成するものの一部でありうる．

ブルシット・ジョブの主要５類型として，誰かを偉そうに見せたりその気分を味わわせたりするためだけに存在する取り巻き（flunkies），脅迫的な要素をもちその存在を他者の雇用に全面的に依存する脅し屋（goons），組織の欠陥によって存在する尻ぬぐい（duct tapers），ある組織がやっていないことをやっているように見せるために存在する書類穴埋め人（box tickers），そして他者への仕事の割り当てのみを担うか他者のなすべきブルシットをつくるタスクマスター（taskmasters）が挙げられる（グレーバー 2020, 50-89）．これらの５類型のそれぞれが事務作業と「無駄」と無関係ではない．また，事務作業のあり方は，電子ファイルやインターネットなどの情報技術の発展と利用拡大で変化し，人工知能関連技術はこのような変化をさらに進めており，事務作業と情報技術との関係性は深化する傾向にある．しかしながら，どれだけ情報技術が手続きの効率化を実現しても，新たなブルシットは容易に生み出され，情報技術は職や作業のブルシット化（bullshitization）と非ブルシット化の両方に影響しうる[11)]．

以上の諸概念と関連研究は，情報技術に重点を置いたものではない．しかしながら，近年の人工知能を含む情報技術は「無駄」な仕事にこれまでにない変化をもたらしつつあり，これらの事象の研究および現実的対処においては技術と人間，組織の関係性の理解の重要性が増している．事務作業と「無駄」に関する一連の研究群では焦点となってこなかった情報技術のあり方についての科学技術社会論的な視点からの知見は，事務作業と「無駄」についての理解とアプローチに欠けていた部分を補完する．「無駄」な仕事の増減およびそのあり方に関係する情報技術は，検索アルゴリズムや生成AIのバイアスのようにわかりやすい社会的論争を伴うわけではないが，情報技術によって「無駄」および特定の価値観や慣習，しくみが十分な検討なしに社会に浸透しうる．

４．情報技術の科学技術社会論的研究と「無駄」な仕事

ここまでの検討をふまえて，科学技術社会論分野における人工知能を含む情報技術の研究と「無駄」な仕事関連研究の接合の可能性と意義のある観点として，情報と人間についての科学技術社会論的研究の一環としての取り組み，研究システムに存在する事務作業と「無駄」と関連する情報技術，そして「科学と社会」に関する活動に伴う事務作業と「無駄」，の３つを提示する．これらの観点は，科学技術社会論的研究の射程の拡張そして現実の社会的要請の面で重要となる．

第一に，技術と人間，組織，社会との関係性についての科学技術社会論的研究の一環としての，情報技術に着目した事務作業と「無駄」な仕事の研究である．例えばオフィスワークにおける自動化や事務員のあり方の変容（Mumford and Banks 1967）や電子カレンダーの普及による時間の認識と管理の変容（Wajman 2019）のように，これまで様々な情報技術が，事務作業を含む仕事や生活様式に変容をもたらしてきた．これらの変容は社会的論争を巻き起こすようなものでは必ずしもないが，社会や組織に遍在している．また，多様な情報技術が社会や組織に浸透する一方で，そのような技術の利用が個人や組織の次元で阻まれる場合や，技術があっても不要なルールや手続きをなくせない場合にも，社会的，文化的，あるいは政治的なメカニズムのなかにある技術と人間，組織の関係性への着目が必要である．加えて，情報技術は，「無駄」な作業の単なる増減だけでなく，何が「無駄」か，誰がそれを担うのかなど，事務作業と「無駄」の文脈，価値，意味の変容を伴う．科学技術社会論において人工知能への研究関心が広がるなかでの「無駄」への着目による新たな研究展開

の可能性に加えて，情報技術に焦点を置いた科学技術社会論の研究アプローチは事務作業と「無駄」研究にとっても補完的かつ重要な知見をもたらしうる．

第二に，研究活動や人材，資源，研究組織など研究に関するシステムに存在する「無駄」な事務作業と情報技術である．研究活動に伴う事務作業やマネジメントは，科学技術社会論研究の重要な焦点として扱われてきたとは言いがたいが，これらは研究活動および研究者らの日常と不可分であるという点で，科学技術社会論の研究の射程に含むことが望ましい．事務作業のあり方と「無駄」についての理解とこれらへの対処には，研究時間の確保などの観点から一定の現実的要請もある．情報技術が研究とそのマネジメントの効率化や利便性向上に貢献する一方で，適切な研究遂行や研究資金の獲得と使用，これらのモニタリングや評価に係る事務作業の増大と，研究文化の変容への懸念もある（例えばCoccia 2009；Ginsberg 2011；Sayer 2015）．情報技術と研究に関する事務作業については，例えば研究費申請の電子システムの研究（Misa 2016），政府やアカデミーによる負担低減の検討（Government Accountability Office 2016；National Academies of Sciences, Engineering, and Medicine 2016），電子化や機械化，自動化と新たな負担への着目（Bozeman, Youtie and Jun 2020）がある．日本の文脈では，例えば内閣府のe-CSTI[12]が研究のモニタリング，評価や監査，EBPM（Evidence-based policy making）と情報技術およびデータとの関係性の深化を示しているが，人工知能を含む情報技術が可能にする新たな種類，量，速度のデータ収集は，本来困難または不要な測定や監査への欲求を高め，かつ実現させる可能性ももつ．研究と「無駄」な事務作業は，情報技術への着目とともに，研究者コミュニティへの信頼や，関連府省および大学組織の制度と文化，その政治性や権力性を含むより広い文脈での検討を要する．

最後に，科学コミュニケーションやELSI（Ethical, Legal, Social Issues），RRI（Responsible Research and Innovation），インパクト評価のようないわゆる「科学と社会」に関する取り組みとそれに関与する者の負担に関わる「無駄」と情報技術である．科学技術社会論でも関心の高いこれらの取り組みでは，しばしば従事する研究者へのインセンティブやサポートが問題となるが，これらの活動に関連する事務作業と「無駄」には十分な注意が向けられてこなかった．科学と社会に関してあるべき取り組みやしくみについての議論の一方で（例えば標葉，林 2013；藤垣 2018；Mikami et al. 2021），事務および「無駄」とそこでの情報技術のあり方は，研究システムの総体のデザインを責任あるものにする意味でも，見逃されがちだが重要な要素である．

既述のように，「無駄」な事務作業や関連するルール，手続き，監査や評価のしくみには，実際には「無駄」ではないものや，情報技術の進展によって作業量が大幅に低減されるものもある．何を「無駄」と捉えるか，いかにして「無駄」な作業を低減したり実施したりするかという問題の一方で，ある意味で「悪意がなく，無邪気，無自覚で，結果的にいっそうの混乱を招きかねない改革（小林，福本 2021, 20）」そして政策や事業，制度，ルールによって「無駄」な仕事は容易に増大し，このことは大いに社会的かつ政治的である．ここで示した3つの観点に限定せず，機械やアルゴリズムを含む技術と人間の交流のなかにある「無駄」な仕事は，科学技術社会論的研究としての発展的な検討を要する．

5．おわりに

本稿では，情報技術と事務作業に着目した「無駄」な仕事をめぐる科学技術社会論的研究の可能性について検討した．本稿前半で示したように，科学技術社会論の分野では，人工知能に関する多様な研究の蓄積が進み，関心を集める一定のテーマ群がある．このような状況のなかで，「無駄」

な仕事と関連する情報技術についての科学技術社会論の立場からの研究は，科学技術社会論において周辺的または不可視的であった官僚制や事務作業の負担と意味を明示的に扱い，分野の射程を拡張することも意味する．その過程では，情報科学，大学政策，研究政策や評価研究，行政学などの関連領域の知見および研究者とのより有機的な交流が必要である．再度になるが，人工知能関連技術の急速な普及は，目立つことなく社会や組織に遍在し根付いている事務作業と「無駄」のような情報技術と人間，社会との関係性にも影響を与えている．本稿での試論は，情報技術が急速に進展そして普及するなかで，人間や組織，社会的制度，文化の産物としての「無駄」な仕事と改めて向き合う方途を探る試みでもある．

謝辞

本稿はJSPS科研費 24K15960 の助成による成果の一部である．

■注

1）『科学技術社会論研究』第23号の特集テーマでもある科学のシャドウ・ワークに加えて，学術界や研究機関においてサービス労働(service work)，組織の家事労働(institutional housekeeping)，学術の家事労働(academic housework)などと呼ばれる業務とジェンダー，人種，職階などとの関係性についての研究(例えばMiller and Roksa 2020)のように他にも関連する概念とその研究群が存在するが，紙幅の制限を考慮して今後の検討課題とする．
2）日本の『科学技術社会論研究』および『年報 科学・技術・社会』と台湾の『科技・醫療與社會 (Taiwanese Journal for Studies of Science, Technology, and Medicine)』，東アジア圏を中心とするEast Asian Science, Technology and Society (EASTS)の間で関心の高いトピックの相違が示されている(Shineha and Nakamura 2013)．
3）例えばCampbell-Kelly and Aspray (2014)，専門誌Annals of the History of Computingがある．日本では，情報処理学会歴史特別委員会(1985)のような学会を中心とする書籍出版もあるが，コンピューティング史が本格的に検討されはじめたのは比較的最近とされ(佐藤 2008；喜多 2017)，科学史や技術史的な関心は継続している(例えば杉本 2018)．
4）SSSとSTHVは同分野で最も伝統ある学術誌の代表，EASTSはローカルな国際誌として選定した．JRIは，萌芽的な科学や技術および予見的ガバナンスへの関心が高いため人工知能が関心テーマに含まれる可能性を考慮して選定した．また，日本の科学技術社会論学会の学会誌『科学技術社会論研究』の発行号数と総論文数が国際誌に比べ少ないため，研究関心が近い『年報 科学・技術・社会』も検討対象とした．
5）本稿での分析対象外であるが，『Big Data & Society』『AI & Society』をはじめとする学術誌，商業誌，そして書籍でも知見が蓄積されている．
6）同じく1989年発行の19(4)号では，該当用語をタイトルに含まないが，コンピュータおよび自律的な推論と科学的発見の関係性についての論考が掲載されている(Slezak 1989；Brannigan 1989)．本稿の分析では書評を除外したが，関連する書籍『Artificial experts : social knowledge and intelligent machines』(Collins 1992)の書評もこの時期にSSSに掲載されている(Slezak 1992)．
7）『科学技術社会論研究』では，これらの他にICTや自動運転，BMI(ブレイン・マシーン・インターフェイス)など情報技術や人工知能に関連がある用語を含むイベント報告や論文が非常に少数であるが存在する．なお，1号には，情報に関するものとして「情報技術—市民運動と資本主義社会との関係」が掲載されている．『年報 科学・技術・社会』では，9巻の「Altoをめぐるコンピュータ開発思想について」が関連する論文として挙げられる．
8）4S公式ウェブサイトの過去の年会一覧(https://4sonline.org/past_meetings.php)の2000年代以降

の年会で，個別のリンク先からプログラムを入手可能な最初の開催分が2003年の年会であった．

9）2003年の「Social Identity in Science Fiction and Artificial Intelligence」「Expressive AI」，2011年の「Are "Alternative Paradigms in Artificial Intelligence" Alternative Enough? The Case of Soft Computing」「Infrared, Or, the Algorithmic Production of Visual Knowledge」「STS Analysis of Bio-inspired Algorithms in Organizing and Management Practices」がある．

10）これらの研究には，事務的負担が生活保護や医療保険などの公的サービスへの市民のアクセスを規定しうることへの問題意識があり，これはHerd and Moynihan（2018）の副題「policymaking by other means」にも表れている．

11）グレーバー（2020）には大学に関する例も多く含まれ，学術界のブルシット・ジョブについての論考もある（Graeber 2018）．同じ著者の関連書籍としてGraeber（2015）がある．

12）2020年に公開された内閣府のe-CSTI（Evidence data platform constructed by Council for Science, Technology and Innovation）は，研究や大学に関する多様なデータを集めたプラットフォームである．科学技術関係予算，国立大学・研究開発法人等の研究力，大学・研究開発法人等の外部資金・寄付金獲得，人材育成に係る産業界ニーズ，および地域における大学等の目指すべきビジョンという5つの事項の「見える化」機能を基本構造としている（内閣府ウェブサイト「e-CSTIとは」）．

■文献

Bareis, J. and Katzenbach, C. 2022: "Talking AI into Being: The Narratives and Imaginaries of National AI Strategies and Their Performative Politics," *Science, Technology, & Human Values*, 47（5）, 855–81.

Bozeman, B. 1993: "A Theory of Government "Red Tape"," *Journal of Public Administration Research and Theory*, 3（3）, 273–304.

Bozeman, B. 2000: *Bureaucracy and Red Tape*. Prentice-Hall.

Bozeman, B. Youtie, J. and Jung, J. 2020: "Robotic Bureaucracy and Administrative Burden: What Are the Effects of Universities' Computer Automated Research Grants Management Systems?," *Research Policy*, 49（6）, 103980.

Brannigan, A. 1989: "Artificial Intelligence and the Attributional Model of Scientific Discovery," *Social Studies of Science*, 19（4）, 601–613.

Campbell-Kelly, M. and Aspray, W. 1996: *Computer : A History of the Information Machine*. Basic Books.

Coccia, M. 2009: "Bureaucratization in Public Research Institutions," *Minerva*, 47, 31–50.

Coeckelbergh, M. 2020: *AI ethics*. MIT Press. 直江清隆，久木田水生，鈴木俊洋，金光秀和，佐藤駿，菅原宏道訳『AIの倫理学』丸善出版, 2020.

Coeckelbergh, M. 2022: *The political philosophy of AI : an introduction*. Polity；直江清隆，金光秀和，鈴木俊洋，二瓶真理子，古賀高雄，菅原宏道訳『AIの政治哲学』丸善出版，2023.

Collins, H. M. 1992: *Artificial Experts : Social Knowledge and Intelligent Machines*. MIT Press.

Courtial, J.-P. and Law, J. 1989: "A Co-Word Study of Artificial Intelligence," *Social Studies of Science*, 19（2）, 301–11.

江間有沙 2018：『AI社会の歩き方—人工知能とどう付き合うか』化学同人.

Forsythe, D. E. 1993: "The Construction of Work in Artificial Intelligence," *Science, Technology, & Human Values*, 18（4）, 460–79.

藤垣裕子 2018：『科学者の社会的責任』岩波書店.

福本江利子 2022：「『病理としてのレッドテープ』理論—日本行政学への視座—」『年報行政研究』57, 124–143.

Ginsberg, B. 2011: *The Fall of the Faculty: The Rise of the All-Administrative University and Why It Matters*. Oxford University Press.

Gouldner, A. W. 1952: "Red Tape as a Social Problem," Merton, R. K. Gray, A.P. Hockey, B. and Selvin, H.C. (eds.) *Reader in Bureaucracy*. The Free Press.

Government Accountability Office. 2016: *Federal Research Grants: Opportunities Remain for Agencies to Streamline Administrative Requirements.*
Graeber, D. 2015: *The Utopia of Rules: On Technology, Stupidity, and the Secret Joys of Bureaucracy*；酒井隆史訳『官僚制のユートピア：テクノロジー，構造的愚かさ，リベラリズムの鉄則』以文社，2017.
グレーバー, D 2020：酒井隆史, 芳賀達彦, 森田和樹訳『ブルシット・ジョブ：クソどうでもいい仕事の理論』岩波書店；Graeber, D. *Bullshit Jobs: A Theory.* Allen Lane, 2018.
Graeber, D. 2018: "Are You in a BS Job? In Academe, You're Hardly Alone," *The Chronicle of Higher Education*. 64(34), B12-.
Herd, P. DeLeire, T. Harvey, H. and Moynihan, D. P. 2013: "Shifting Administrative Burden to the State: The Case of Medicaid Take-Up," *Public Administration Review*, 73(s1), S69–S81.
Herd, P. and Moynihan, D. P. 2018: *Administrative Burden: Policymaking by Other Means.* Russell Sage Foundation.
稲葉振一郎, 大屋雄裕, 久木田水生, 成原慧, 福田雅樹, 渡辺智暁編 2020：『人工知能と人間・社会』勁草書房.
情報処理学会歴史特別委員会編 1985：『日本のコンピュータの歴史』オーム社.
Kaufman, H. 1977: *Red Tape: Its Origins, Uses, and Abuses.* Brookings Institution；今村都南雄訳『官僚はなぜ規制したがるのか』勁草書房，2015.
喜多千草 2017：「コンピューティング史の動向」『科学史研究』280, 319-24.
小林信一・福本江利子 2021：「国立大学法人化とは何だったのか：科学研究の観点からの評価」『一橋ビジネスレビュー』69(2), 8–21.
Merton, R. K. 1940: "Bureaucratic Structure and Personality," *Social Forces*, 18(4), 560–68.
Mikami, K. Ema, A. Minari, J. and Yoshizawa, G. 2021: "ELSI is Our Next Battlefield," *East Asian Science, Technology and Society*, 15(1), 86–96.
Miller, C. and Roksa, J. 2020: "Balancing Research and Service in Academia: Gender, Race, and Laboratory Tasks," *Gender & Society*, 34(1), 131–52.
Misa, T. J. and Yost, J. R. 2016: *FastLane : Managing Science in the Internet World.* Johns Hopkins University Press.
Moynihan, D. Herd, P. and Harvey, H. 2015: "Administrative Burden: Learning, Psychological, and Compliance Costs in Citizen-State Interactions," *Journal of Public Administration Research and Theory*, 25(1), 43–69.
Mumford, E. and Banks, O. 1967: *The Computer and the Clerk*, Routledge.
内閣府「e-CSTIとは」https://e-csti.go.jp/about/（2024年7月3日閲覧）
中尾悠里 2022：『AIと人間のジレンマ：ヒトと社会を考えるAI時代の技術論』千倉書房.
National Academies of Sciences, Engineering, and Medicine. 2016: *Optimizing the Nation's Investment in Academic Research: A New Regulatory Framework for the 21st Century.* Washington (DC): National Academies Press (US).
日本科学協会編，金子務，酒井邦嘉監修 2021：『科学と倫理—AI時代に問われる探求と責任』中央公論社.
Noble, S. U. 2018: *Algorithms of Oppression: How Search Engines Reinforce Racism.* New York University Press；大久保彩訳，前田春香，佐倉統解説『抑圧のアルゴリズム：検索エンジンは人種主義をいかに強化するか』明石書店，2024.
大澤真幸，千葉雅也 2022：『ブルシット・ジョブと現代思想』左右社.
Pasquale, F. 2015: *The Black Box Society: The Secret Algorithms That Control Money and Information.* Harvard University Press；田畑暁生訳『ブラックボックス化する社会－金融と情報を支配する隠されたアルゴリズム』青土社，2022.
Power, M. 1994: *The Audit Explosion.* Demos.
Power, M. 1997: *The Audit Society: Rituals of Verification.* Oxford University Press；國部克彦, 堀口真司訳『監査社会：検証の儀式化』東洋経済新報社，2003.
酒井隆史 2021：『ブルシット・ジョブの謎：クソどうでもいい仕事はなぜ増えるか』講談社.

佐藤靖，喜多千草，小山俊士，大谷卓史，木本忠昭，後藤邦夫 2008：「シンポジウム：日本のコンピュータ史 研究開発における諸機関の連携-2008 年度年会報告-」『科学史研究』47 (247), 160–175.
Sayer, D. 2015: *Rank Hypocrisies: The Insult of the REF.* SAGE Publications Ltd.
Shineha, R. and Nakamura, M. 2013: "Diversity in STS Communities: A Comparative Analysis of Topics," *East Asian Science, Technology and Society*, 7(1), 145–58.
標葉隆馬, 林隆之 2013:「研究開発評価の現在：評価の制度化・多元化・階層構造化」『科学技術社会論研究』10, 52–68.
Slezak, P. 1989: "Scientific Discovery by Computer as Empirical Refutation of the Strong Programme," *Social Studies of Science*, 19(4), 563–600.
Slezak, P. 1992: "Artificial Experts," *Social Studies of Science*, 22(1), 175–201.
Strathern, M. (eds) 2000: *Audit Cultures: Anthropological Studies in Accountability, Ethics, and the Academy.* Routledge；丹羽充，谷憲一，上村淳志，坂田敦志訳『監査文化の人類学：アカウンタビリティ，倫理，学術界』水声社，2022.
杉本舞 2018：『「人工知能」前夜 ―コンピュータと脳は似ているか』青土社.
鈴木貴之編著 2023：『人工知能とどうつきあうか：哲学から考える』勁草書房.
Wajcman, J. 2019: "The Digital Architecture of Time Management," *Science, Technology, & Human Values*, 44(2), 315–37.
Zuboff, S. 2019. *The Age of Surveillance Capitalism : the Fight for a Human Future at the New Frontier of Power.* Public Affairs；野中香方子訳『監視資本主義：人類の未来を賭けた闘い』東洋経済新報社，2021.

Information technology and administrative tasks

Potential of STS studies on “wasteful” works

FUKUMOTO Eriko *

Abstract

This paper examines the potential of studying “wasteful” administrative tasks as STS research on information technology. Information technology is closely related to administrative works and the increase and decrease “wasteful” tasks, and the rapid spread of artificial intelligence (AI)-related technologies is bringing about further changes. However, there is a certain distance between the STS studies on information technology and studies on “wasteful” administrative tasks. This paper first presents the list of AI-related articles in four international and two Japanese journals in the STS and related fields, as well as the sessions in eleven annual meetings of the Society for Social Studies of Science (4S) between 2003 and 2023. The lists of relevant publications and sessions illustrate the trend of AI-related research activities in the field of STS. The next part overviews concepts that relate to “wasteful” administrative tasks- red tape, administrative burden, auditing, and bullshit jobs. Based on these, three research perspectives are presented: technology-human relationships, research systems, and “science and society” efforts.

Keywords: Artificial intelligence, Administrative tasks, Red tape, Auditing, Bullshit jobs

Received: July 4, 2024; Accepted in final form: July 20, 2024
* Graduate School of Arts and Sciences, The University of Tokyo; efukumoto@g.ecc.u-tokyo.ac.jp

「技術知」による統治

「科学技術社会論」の社会的機能

木原　英逸*

時代には時代の学問が必要である. その時代の社会関係のあり方を正当化し維持し支えるのに「役に立つ」学問, そのための知識と規範が求められるからである. 一方, だからこそ, 新しい時代には新しい学問とそのあり方が必要で, 新しい時代を開こうとすれば, 新しい社会関係へ向けて人を動かす新しい学問が必要になる. つまり, 今とは別の社会の可能性を開こうとする「社会批判」には, 今とは別の知識と規範のあり方を開く「学問批判」が必要となる.「科学技術論」Science and Technology Studies ; STS もそうした学問批判のひとつで, あるべき科学や技術(知識)のあり方を論じてあるべき新しい社会をつくろうとする, 規範的な知識論であり学問論で(も)ある.

振り返れば,『科学の社会的機能』*The Social Function of Science*, 1939 を著した分子生物学者 J. D. バナールと, *The Contempt of Freedom*, 1940 を著してそれに抗った物理化学者 M. ポランニーに見るように, すでに戦間期 1920～30 年代の欧州でのその草創期から, 科学論 Science Studies は, (当時の拡がる全体主義をどう見るかを巡って), あるべき社会をつくろうとする規範的な政治・社会論と切り離せなかった[1]. それが科学論の「社会的機能」で(も)あり, 今もそうである[2]. そして, (1960 ～)70 年代の米国や欧州に始まった「科学技術論」も, 民主的な社会をつくろうと, 科学や技術のあるべき(民主的)統制を課題としてきた.

しかし, 冷戦が終わり, 情報と市場のグローバル化が加速し, 新たな社会づくりを急ぎ迫られたなかで, 1990 年代半ば以来, この国に(も), 新たな知識論・学問論である「科学技術"社会"論」が現れてくる. では, それは, どのような社会をつくるための(社会批判), どのような知識論・学問論(学問批判)だったのだろうか.

「科学技術社会論」と言っても, 時に相反する議論を抱えてきたのだが, 以下では, そのなかから, モード論(1 節), 参加型デザイン(2 節)をその主要な議論として取り上げ, これらが, フレキシブルな「第二の近代」社会(後期近代社会)を「技術知」によってつくるために言われてきたこと, そしてそのなかで, 科学や技術の民主的統制(の意味)が弱まっていったことを指摘する.

本稿は,「科学技術社会論」の社会的機能(の一端)を明らかにすることで科学や技術への民主的統制の手掛かりをつかみ直そうとする試みであり, それに向けた本学会での議論のために話題を提供しようとするものである[3].

2024 年 6 月 30 日受付　2024 年 7 月 28 日掲載決定
＊独立研究者(科学技術論), hkihara221@gmail.com

1．フレキシブルな社会をつくる：モード論

「第二の近代」社会(後期資本主義社会)が顕在化するのは(とくに日本では)1990年代に入るころからだが，すでに先進諸国では，長い80年代(1975–95)にそこへの移行が進んでいた．1973年の石油危機や変動相場制への移行を境に，工業生産の相対的な停滞と金融市場の拡大が始まり，工業主義的な，フォーディズムの「第一の近代」から脱工業主義，ポスト・フォーディズムの「第二の近代」へ経済構造が移っていく．それに応じて国(際)・社会をつくり直そうとした社会批判の思潮が1980年代から強まる新自由主義，またその政策で，それらがまた「第二の近代」社会を後押ししていった[4)]．

この「第二の近代」社会を組織する主導原理は，規則と規律によって労働や組織や国(など)を計画的，画一的に管理・経営することよりも，それらを，時と場所，問題に応じて「フレキシブル化」すること，社会関係を柔軟化することであった．例えば，企業「組織のフレキシブル化」とそれに伴う「労働のフレキシブル化」であり，また，国にあっては，普遍的，画一的な「法」による規制を緩和して，それをソフトローや倫理や市場ルールに任せる，政府行政「規制のフレキシブル化」による管理である[5)]．

そして，このフレキシブルな社会では，個人の人生そのものがフレキシブルになり，「新しい」リスクにさらされる．「安心して」生きるためには，市場においてさえそうだが，時間的にも空間的にも反復される規則に支配され，広くまた長期的に予測できる安定した社会関係(またそれを支える組織)が必要だが，フレキシブル化していく組織はそれを提供しないからである．フレキシブルな企業による(長期)雇用保障の(少)ない労働，福祉を市場化するなど国による市民権や人権の保障の(少)ない生活，もはや，企業であれ国であれ，組織にメンバーとして所属することが安心して生きられることを必ずしも保証しない(山崎 2017 も参照)．保証は，フレキシブルで不安定な人生 precarity に対処すべく不断に「自己管理」する個人の問題解決(のための政策)「能力」に求められていく．失業，病，貧困など「社会的」な問題でもあったものが，もっぱら，自己管理・自己責任によって克服すべき「個人的」な能力問題として認知されるという，社会のフレキシブル化に伴う「リスクの個人化」が起こっていた(Beck 1986=1998；O'Connor 2001)．そして，こうした「新しい」リスクに自らの力で対処するとともに，(時にそれが社会の利益だと言って)そうしたリスクを進んで「取って」いくことが求められた．その結果は，もはや不平等が抑制されない社会である．

事情は，不安定化を強める市場を生きる企業も同じであった(２節参照)．であれば，「第二の近代」社会，フレキシブルな社会をつくりそこで生きていくのに(より)必要なのは，企業にとっても個人にとっても，普遍的・客観的と理解された(科学／技術)知識や学問ではない．さまざまな組織と問題を通底して妥当する普遍的・客観的な法則や規則の知識よりも，必要なのは，組織と問題ごとに異なる解決策・政策のための個別特殊な知識，個別特殊な状況に依存して力をもつ「技術知」である．そうした技術知によって初めてフレキシブルな対応が可能になると思われた．こうして，フレキシブルな社会関係へと人や組織を動かす科学／技術知識批判，学問批判が，個別特殊な「技術知」の称揚という形で進められた．それは，普遍的・客観的な法則性を謳った「科学主義」への批判の落とし子でもあった．

そしてここに，そうした技術知の研究や開発をどう進め，そしてどう使えば，フレキシブルな「第二の近代」社会をつくっていけるのか，そこで生きていけるのか，それを問うものへと科学技術／学術／知識政策を変えるべきとする科学技術論 STS が現れる．「技術知」を称揚し 1990 年代半ば

に顕れた科学技術／学術政策「モード論」(Gibbons et al. 1994=1997)もそのひとつで，通産省と文部省の手で「大学等技術移転促進法(TLO法)」(1998年)が立法されるなど，国がフレキシブルな市場に対応すべく新たな産学連携政策を急速に立ち上げつつあった，90年代後半にこの国でも広がった．並んで 吉川(1997)などによる「技術知」の称揚も，俯瞰的で統合的な知識との理解の下で進められた．そして，このモード論をひとつの転機として2000年代からこの国に出現したのが「科学技術社会論」と称する科学技術論であった(注6参照)．

「モード2では，フレキシビリティとレスポンスタイムが決定的 … 扱う問題の変化しやすく一時的な性質に適応して，新しい組織編成が登場する」(Gibbons et al. 1994, 6；邦訳30)とするモード論は，個別特殊な技術知が「役に立つ」には，個別特殊な状況で「連携して」技術知をつくり使って状況を解決していく「新しい研究組織編成」が必要だと(も)していた．大学・アカデミアもまた，ディシプリン規範を「越えて(トランス)」，つまりそれをトランス状態にし，ディシプリンの拘束を受けない国，企業，(市民)団体との「連携」に入るべきとされた．そこに，専門家と非専門家の連携という理解が重なって，科学技術社会論も，2001年設立の学会の設立趣意書で，「トランス・ディシプリナリーな研究が…不可欠である」と謳った[6]．それは今も変わらない．モード論への評価も，その導入への貢献に(他の貢献と並んで)に学会の賞が与えられていることから見ても，変わらない(小林・見上 2023)．そして今も，さまざまなところで，「共創」して「統合知」や「総合知」をつくる試みが続いている．

モード論というこの政策の実施主体(したがって科学技術社会論の実施主体)は，大学・アカデミアに限らず，国，企業，(市民)団体などさまざまなのだが，国の政策としてのそれは，モード論に倣ってアプリケーションの文脈を強調しつつ，広く社会との連携・社会貢献を求めるなかで，(フレキシブルな)市場主導型の産学／官民連携に大学・アカデミアを組み込むために，もはやディシプリンの拘束を受けることのない「トランスディシプリン」という，「技術知」に(も)つながる開発型研究のあり方を大学・アカデミアに求める，つまりモード論の主体となることを求める科学技術／学術政策であった[7]．それは日本に限らない．大量生産と大量消費に依拠したフォーディズムの社会では，画一的な製品を大量につくれば大量に売れるので，企業にとっては，前もって予想できるルーチン仕事をうまく進めることが何より重要で，そのためには，規則と規律による労働や組織の計画的・画一的な管理・経営が重要であった．しかし，ポスト・フォーディズムのサービス産業社会に移行し，大量生産ではもはや利益を確保できなくなった(先進諸国の中核)企業は，個々の顧客が持つ特定・個別の要求に応えることで高い利益を確保する方向に向かった．企業は，顧客ごとに異なり前もって予測も準備も難しい，顧客が抱える個別の問題を発見し，特定の状況のなかでそれを解決してフレキシブルな市場社会を生きていかねばならなくなっていた(Reich 1991=1991)[8]．必要とされたそうした個別特殊な技術知の開発を，企業が(モード論の主体となって)研究の外部化・オープン連携を強めながら進めるだけでなく(西村 1995；2017)，政府が大学での研究を規制緩和し私営化に途を開くことでそれを助け促そうとした，生産する企業と政府がもっぱら主導するのではない，顧客市場主導型の(新自由主義に傾いた)「新たな産学／官民連携」を目指したのが政府の「モード論」であった．

しかし，必要なのは「モード論」だけではなかった．国，企業，大学，団体などが技術知をどうつくるかの政策であるモード論と一対のものとして，フレキシブルな社会のなかで，わけても国とは違って個別の要求に応えるものとしての企業や団体，さらには私営化に途を開いた大学が，市場で技術知(から普遍的・客観的な知識までそれぞれ)をうまく使えるようにするにはどうするか，そのための科学技術／学術政策も必要で，それが国による特許権などの知的財産権強化のプロパテント政策であり，ノウハウなど権利化されない知的財産の秘密保持契約の強化だった．大量生産においては重要だった工場や機械設備やルーチン生産労働者などの有形資産に代わって，企業利益の源泉は，顧客の個別特殊な要求に応える問題の発見者や解決者が持つ技術知や「能力」という無形資産になった．「知識経済」の進展である．そこで，利益の源泉である「知識」を取引できる，また，不可侵の，所有物と認め所有権を国が保護強化して，企業(さらには団体や大学)が市場で技術知・知識を自らの決定で使えるようにし，市場重視のフレキシブルな国・社会をつくろうとしたのである．そして，1980 年代半ばに米国政府が始めたプロパテント政策は，1990 年代半ば以降，一挙にグローバル化していった[9)]．

こうして政府が，企業(や団体や大学)がする科学／技術活動と政策の自由を拡大し，科学／技術政策の主体をそちらへより移して行けば，科学／技術政策の政府によるより普遍的な(民主)政治的コントロールは縮小していき，市場さらには地域や組織での(私的で)個別特殊な非政治的コントロールが拡大する．実際，モード論は，技術知・知識を，使われる個々の場所・状況でまさにつくられるものと特徴付けていた．それは，個別特殊な状況，わけても，市場取引の個別特殊な状況で科学技術をつくり使い私的にコントロールすることを称揚,少なくともそれをより許容することで,科学／技術(政策)の非政治的コントロール，なかでも，市場による私的コントロールへの変更を後押しする科学技術／学術政策として働いたのであり，その意味で，そうしたコントロールの実現を中心課題と考える(新自由主義に親和する)科学技術論／学問論だったのである．

しかし，モード論が後押ししたのは，科学／技術(政策)の市場(や地域や組織)での非政治的コントロールだけではなかった．予想のつかない「新しい」リスクにさらされる一方，リスクを「個人化」していくフレキシブルな社会を生きる人や組織は，自ら個別にリスクに対処することを求められていた．そしてモード論は，この「リスクの個人化」を後押しするものでもあった．対処に有効な(科学／技術)知識は，あくまでも個別特殊な状況でその状況を解決するためにつくられ使われるものだとするモード論は，個々の人や組織がさらされているリスクを個別特殊なものと見なし，置かれた特定の状況のなかでそれを発見し解決策・政策をつくり解決していくこと，つまり，リスクに対処する科学／技術(政策)は個別に，つまり非政治的にコントロールされることが必要だとしていたからである．自由の裏には孤独があった．モード論が個人化された「リスク社会」を支え，そうして深まっていく個人化されたリスク社会がまたモード論の説得性を支えた[10)]．こうして，福祉国家・社会にあった,「社会的」な問題としてリスクに対処する途，誰もが認める普遍的な知識と規範をつくり誰もが従うべき社会関係をつくり出すことで誰もの人間としての「ニーズ」を充足することに集合的に努力する途は弱まった(木原 2021)．

そしてそれはまた,モード論とそれに依る「科学技術社会論」が,科学や技術の民主的コントロールを弱めていく途でもあった．民主(政)的コントロールは,「われわれ」とは誰か，その「われわれ」の範囲・スケールの設定にどのような力が働いているかを問う「スケールの政治」と切り離せない[11)]．それは，われわれがわれわれを自己統治する民主政にとって避けられない問いだからである．そして一般に，科学／技術知識が適用可能／妥当なスケール・範囲をどこに設定するかは，それをコントロールすべき「われわれ」のスケールの設定に影響する(その逆も)．モード論は，フレキシブルな社会をつくろうとするスケールの政治のなかで働いて，技術知を称揚し，知識の適用スケールを個別特殊な範囲に設定するよう仕向けることで「われわれ」を分断し，科学／技術の民主的コントロール弱めている．モード論は，われわれ誰にも関わる課題を解決するために誰にも妥当する(科学／技術)知識をつくりその使い方を皆でコントロールする，そうした民主政をつくる政治市民としての「われわれ」のあり方を崩し,民主政を支える全体としての社会を崩していく知識論・

学問論(社会規範観念)なのであって,「われわれ」を分断してフレキシブルな「第二の近代」を推進していく(観念とは限らぬ)諸々の力のひとつなのである.

そして同じことは,科学技術社会論が,自ら主要な関心のひとつとしてきた「参加型(社会)デザイン」の論じ方にも表れている.

2. 参加して社会をデザインする：参加型デザイン

「科学技術社会論」(が受け入れる限りでのSTS)が,この間,「技術知」とともに称揚してきたのは「(参加型)デザイン」による社会づくりであった.個別(しかも多くは不確か)な状況ごとに技術知による個別な解決を重ねてつくるフレキシブルな社会は,規則と規律によって「計画」してつくる社会ではなかった.そこに,フレキシブルな社会づくりの様々な場で「デザイン」概念が多用される理由があった[12].

建築や製造品(の工程・過程)の設計図(を描くこと)が「デザイン」なら,それは規則と規律によって計画されるものだろうが,「第二の近代」で進むポスト・フォーディズムのサービス産業社会のなかで「デザイン」の意味(の重心)はそこから移っていた.(1960〜)70年代の(社会)計画への労働者や市民の参加要求に遡る(参加型)デザインによる社会づくりも,フレキシブルな社会づくりに向かうなかでその意味を変えていた.それが,2000年代に「デザイン思考」design thinking,より広くは「社会デザイン」social designへの注目という形で拡がってくる.

並行して,1990年代半ばから2000年代に現れてきたこの国の「科学技術社会論」も,「コミュニケーション・デザイン」などデザイン(概念)を多用してきた.2005年には,その後そうした活動のひとつの拠点になっていく「大阪大学コミュニケーションデザイン・センター」(2016年に「大阪大学COデザインセンター」に改組)が設立されている.科学技術社会論による社会デザインの称揚が,このような状況のなかでどのような社会的機能を果たしてきたのかが問われねばならない.

例えば,「デザイン思考」は2000年代半ば,米国シリコンバレーのデザイン／コンサルティング企業IDEOとスタンフォード大学で注目され,ハーバード,MITを始めとするエリート大学の工学系と経営大学院で専門職教育プログラムとして制度化され普及していった.今では,変動し不確実で複雑で曖昧なビジネス世界(Volatility, Uncertainty, Complexity and Ambiguity; VUCA)に対処する手法として,先進各国で期待を集めているが(Brown 2009),そもそもは,フレキシブルな市場のなかで強い経済(社会)を米国につくり出すために求められた知識論であり,そうしてつくられた新たな専門知識(方法・スキル)であった(Irani 2018).

米国(の中核の製造)企業は,ポスト・フォーディズムの社会が進むなかで,すでに1990年代には大量生産品の製造は途上国に委託・移転し,国内ではそうした製造のための規格指示(図示)・デザインに重心を移していたが,2000年代に入るとそこにも国外(例えば中国の)企業が入ってくるようになる.そこで,製品・製造(「もの」)のデザインから生活(「こと」)のデザインへ移行し,生活の仕方の改善を求めるユーザー(消費者)に応えるところに新たな市場機会を求め,「クリエイティブ産業」に向かおうとした.そうした企業の経営者たちに新しい生活市場を見つける方法としてデザイン思考を売り込んだのが,(製品デザインから転進してきた)IDEOをはじめとするデザイン／コンサルティング企業だった.

生活・「こと」のデザインは製品・製造のための「もの」のデザインとは違った.しかし,すでに(80年代からのポストモダンの)消費社会のなかで,製品デザインも「もの」の機能よりも(美的)センスによる差別化に重心が移っていた(Boltanski and Chiapello 2005).デザイン企業はさらにその概念を拡げて「もの」から離れ，ユーザーが求める価値実現（イノベーション）のために（社会関係の）システムを再構築すること，それが「デザイン」だとして，新たな生活をつくる方法としてデザイン思考を持ち込んだのである．

すでに，製品・製造における「もの」のデザインでも，専門デザイナーを社内に抱えるよりも，変化する市場に即してその都度，必要な専門性をもつ外部のデザイン企業に委託する形が進んでいた．しかし，生活・「こと」の市場（需要）は製品・「もの」の市場にも増して個別で見通すのが難しく，そうした形での対応（だけ）では覚束ない．専門知識とは見通しのつく世界でつくられ役に立つものだろう．ならば，フレキシブルで見通しが難しいどんな需要・課題にも対応できる方法を，（社内，社外の）非専門家に身につけさせれば（それも）よい．事実，デザイン思考は誰にもできると謳っていた．その意味で，そこに参加する非専門家・素人たちの（専門）スキル・手法だった．それは，集団で研究して問題解決していく参加型のスキル・方法を謳う新しい専門知識で，この協働的で平等な手法に従えば，特定の知識を前提せずに部屋に集まった人々が，付箋（ポストイット）などを使って課題・問題をスケッチしたり，図式化したり，関係を並べ替えたりと「デザイン」するなかで，誰もがどのような課題でも創造的に解決できる（デザイナーになれる）とされた（Brown 2009）．そして，この素人たちの専門性を養成・提供できるのがデザイン／コンサルティング企業だとされた[13]．

こうしたデザイン思考を受け容れたのは企業だけではなかった．（米国や英国から）1980年代より強まっていた新自由主義思潮の下で，規制緩和や民営化を進めてきた（先進各国の）政府・行政がデザイン思考を受け容れた．そこでは，有権者（政治市民）の生活課題に関しても，政府による解決（政策介入）より市場（やサードセクター）による解決が重用されたので，政策（立案）も，市場に通じている専門コンサルティング企業（やシンクタンク）に委託する傾向が強まっていた（例えば英国ではすでに80年代から委託が急増している）．

そうしたコンサルティング契約の拡大は（も），政府固有の政策能力を弱めたと言われる（Collington and Mazzucato 2021；Mazzucato and Collington 2023）．それまで原則として政策の立案とその実行・執行を一貫して担い，それがその固有の政策能力を支えていた政府・行政（部門）で，立案と執行の分離が進んだからである[14]．そして，90年代からは「新しい公共経営」new public managementの下で，政策の執行についても事業会社への委託・アウトソーシングが進んだ．立案と執行を分離していくこうした状況が，「もの」「こと」いずれのデザインであれ，多くは，あくまでもアイデアの提示・提案であってその実行・実現には及ばない，その意味で，立案と執行の分離を前提にするデザイン（概念）を，政府・行政が受け容れる余地を拡げていた．そこに，コンサルティング／デザイン企業が，専門家にはできないフレキシブルで見通し難い「厄介な問題」wicked problemの解決を謳う「デザイン思考」を持ち込んだのである．

政府・行政機関は，「協働」の名の下，コンサルティング企業などと組んで「官民連携」public–private partnership: PPP政策を進めるなかで，政策立案の民間委託のひとつとして，非専門家たちのデザイン思考を直接または委託企業を通じて間接的に，使ってきたが，そこでは（多く），市場（モデル）による生活課題解決が指向されていた．また，民間委託の拡大によって政策立案の専門能力（とそのための資源）を奪われつつあった公務員には，専門知識を前提せず誰がやっても問題解決の成果が出せるというデザイン思考は，自らの政策立案能力を取り戻す方法にも見えただろう（Ackermann 2023）．

このように，デザイン思考を，企業はフレキシブルな市場のなかで個別化する消費者の求めに応えるために，政府・行政は，有権者の生活課題を（も）市場モデルで解決することに傾くなかで，フレキシブルで見通し難い問題に個別に応えるために使っている．どちらも，デザイン思考を使って，非専門家・素人たちが参加してフレキシブルな社会（のアイデア）をデザインしようとしている．

こうした状況のなかで，「科学技術社会論」も，企業や国ではなく市民（とその団体）がする（参加型）デザインによる社会づくりを唱え，そうすることで民主（政）社会をつくろうとしてきた．しかし，「デザイン思考」，より広くは「社会デザイン」は，そもそもが，社会に介入しそれを変え，フレキシブルな社会をつくろうとする実践の内にあるもので（新自由主義政策と親和的でも）ある．個別特殊な状況ごとに個別特殊な解決を重ね，時と場所，問題に応じて柔軟でフレキシブルに社会関係を変え社会をつくろうとしている．そのため，社会デザインの実践は，社会「全体」を見なければ対処できないような社会の構造問題には向かわず，社会の「部分」でも認識，対処できる個別の「倫理」課題の解決，その限りでの社会問題の解決（策）に向かい勝ちで，それゆえ，全体構造への介入で影響が及ぶ社会「全体」の成員への普遍的な「政治」の責任も負わない．社会デザインの諸実践の核は，国であれ市場であれ，倫理的な社会の実現なのである（Julier and Kimbell 2019）．それは，社会デザインに止まる限り，市民（団体）が主体であっても変わらない[15]．

しかしそれでは，民主「政治」は弱まるばかりだろう．落とし穴に陥ってはいけない．（消費者としての）市民の個別の求めに応えるだけでなく，誰にも関わる公共の課題を解決し全体としての社会をつくろうとする（有権者としての）政治市民に応え，社会全体を「計画して」つくっていくことが必要である．であれば，それはもはや「デザイン思考」ではないし，技術知による「社会デザイン」の称揚でさえないだろう．科学技術社会論はこの点を（必ずしも）明確にしないままに，（参加型）デザインによる社会づくりを推し進めてきたように思われる．

「計画して」科学と社会をつくろうとするのか，それに抗うのか，それは，バナールとポランニーの論争に見るように（注１参照），草創期の科学論を推し進めた政治・社会論の争いであった．科学技術社会論は，今また，計画に抗い「デザインして」科学技術と社会をつくろうとするなかで，同じ争いを新たな形で進めているように思われる．

以上，モード論（１節）と（参加型）社会デザイン（２節）を取り上げ，科学技術社会論が，これらを唱道するなかで，むしろ科学や技術の民主的統制を弱めてきたのではないかと述べてきた．同じことは，科学技術社会論が，民主政社会をつくるために（政治）市民がもたなければならない能力・リテラシーのひとつとして，「公衆の科学理解」を論じ（批判し）てきたことのなかにも指摘できるし，不安定でフレキシブルな社会を生きていくには「不確かさ」の下での問題解決が必要と論じてきた，その仕方のなかにも指摘できる．しかし，すでに紙幅も尽きたので，これらの点については，改めて，別稿「“不安定と不確実さ”による統治：「科学技術社会論」の社会的機能」で述べることにしたい．

■注

1）戦間期の1930年代，英国では，不況から脱出する（国家）社会を「（政府）計画によって」つくろうとする動きのなかで，バナールが，不況脱出に向けて「役立つ」科学への計画的統制を求めて，科学者共同体での（あるべき）科学者の行為のあり方，知識のつくられ方を論じた．ポランニーは，これに抗し，自由な社会をつくり支えるには自由な科学の活動が必要だが，科学の計画的統制はそれを損ない，自由な社会を損なう．そう言って，自由で自律した科学者共同体のあり方を論じて，政府の「計画的」統制による（国家）社会の全体主義化に抗おうとした．それゆえまた，ポランニーが論文「科学の共和国」（1962）で唱えたのも，科学の進歩のためにはギルドとしての自由な科学者たちの共同体・「共和国」が不可欠だということではなく，それが生み出す自由な「科学」の知識に依らなければ，自由で共和的な

(国家)社会,「共和国」はつくれないということだった.

こうした点については,Nye(2011)が,1920〜30年代(から)の欧州の政治,文化状況のなかで,ポランニー,バナール,K. ポパー,K. マンハイム,(R. K. マートン)らが時に互いに対立しながら,それぞれがあるべき社会をつくろうとして科学(知識)のあり方を論じたことを描いている.日本でも戦間期の科学論と規範的政治・社会論が切り離せないことを,岡本(2021)が指摘している.

2)科学論のこうした「社会的機能」は,20世紀戦間期の「危機の時代」に固有なものではない.20世紀の第三四半世紀,第二次大戦後の福祉国家建設の時代にも,そのための科学/技術論が規範として求められた(Steinmetz 2005;木原 2021).また,20世紀後半期を冷戦の時代と捉え,その(文化戦の)なかで,あるべき政治イデオロギー・社会規範をつくる,また壊すために,科学論や科学技術論が果たした役割を検討する研究も近年現れている(Aronova 2012;Aronova and Turchetti 2016など).

3)本稿では,「科学技術社会論」の名の下で様々になされてきた議論に潜む,フレキシブルな社会への志向を,あえて拡大し強調している.科学技術社会論での議論の現状を過不足なく記述するよりも,そこに隠れた,しかしそれと切り離すことのできない政治・社会論が科学技術社会論をどこに連れてゆくのか,帰結を拡大して見ている.その意味では一種の思考実験なのだが,科学技術社会論での議論がはらむ民主政治にとっての危険を理解するのに役立つ限りで,「方法」として許されると考える.また,そうした方法に加え,許された紙幅の制約もあって,本来なら必要なデータや説明を飛ばして論を進めたところも少なくないが,今後の議論のための手掛かり,「話題」を明確にできればというのが本稿の第一の目的であった.不十分な点は今後の議論に委ねたい.

また以下,本稿では,1990年代後半から2000年代前半にかけての議論や文献に多く依拠することになるが,それは,草創期になされていた議論にこそ科学技術社会論の特質がよく表れていると考えるからである.すべては始まりにありということだろう.

4)この点については木原(2021)で論じた.本稿はその議論を受けてなされている.そうした経緯から,本節も木原(2021)の4,5節と重なりがある.ただし,新自由主義思潮・政策と「第二の近代」への移行の関係は直接的ではなく込み入っている.例えば,「所有権」を拡大強化するプロパテント政策,それを「政府介入」(による独占権)の拡大強化だと退けるアンチパテント政策,いずれもが新自由主義思潮の下で言われるなかで,プロパテント政策がグローバル化していったように,新自由主義思潮・政策のなかから何を選択するかに,(大)企業や国の利害という別の力が加わり働いている(注9参照).Plehwe, Slobodian and Mirowski(2020)所収の諸論を参照.

5)これらについては,すでに多くの指摘がある.例えば,Harvey(1989=1999)は,外部委託や種々の非正規雇用など,生産と労働の組織をフレキシブルにすることで,後期資本主義において企業は資本の効率を上げていると指摘した.Webster(2000)も,フレキシブルな「情報社会」の出現は情報技術の「革新」に依ると言うより後期資本主義への「連続」拡大の結果だとする.また,この新たな時代の要請のなかで,個々の人びとの生き方もフレキシブルなものになっていることはSennett(1998=1999; 2006=2008)やBauman(2000=2001)が指摘している.そして,Bauman(2007)が,進行する「液状化する時代」Liquid Timesの特徴として指摘した,政府の規制緩和によって顕在化する,政治のコントロールが及ばない(権)力の拡大,社会的セーフティーネットの弱体,リスクの個人化,(長期の)計画よりその場しのぎの解決策への志向などは,本稿で「フレキシブルな社会」の特徴としたものでもある.なかでも最後の点は,普遍的な科学知より特殊な技術知を称揚する,ポスト・フォーディズムの「第二の近代」を支える知識論・学問論の出現として本稿が注目した点だが,それはヴィルノ(2003)にもつながる視点である.「第二の近代」second modernityという視点はU.ベックに由来するが,A.ギデンズの「後期近代」late modernity, Z.バウマンの「液状化する近代」liquid modernityなども多くの点でそれと重なっている.本稿での「第二の近代」理解は,バウマンのものに近く,また,「後期資本主義」という視点ともつながって,緩くなされている.

6)同時期,17〜18期の「日本学術会議」(1997〜2000〜2003, 会長・吉川弘之)も,「今日学術は知的体系の創造・伝承という固有の使命を超えて,人々に「行動規範の根拠」を提供するなど,社会に「開いた学術」であることを求められている」(日本学術会議2000;傍点筆者)と言って「自己改革」に向ったが,そこでもトランスディシプリン規範を謳うモード論が参照された.だが,そこには思い違いがあったと思われる．学術が社会に開いた学術として人々に行動規範の根拠を提供する，つまり，あるべき学術をつくってあるべき社会をつくろうとすることは(science for policy)，知的体系の創造・伝承という固有の使命を超え(トランスし)離れなければできないわけではない．固有の使命を果たす形(policy for science)でもなされてきたわけで(Steinmetz 2005；木原 2021)，できないと言うのは，それまでとは異なるあるべき学術をつくって異なるあるべき社会をつくろうとするからで，意識したか否かにかかわらず，産学連携を新たな形で進めながら「第二の近代」をつくり生きていこうとしたからではないか．そして，この点を日本学術会議も科学技術社会論(に伴走するSTS)も認識できず，フレキシブルな社会づくりに竿を差してきたのではないか．モード論がトランスディシプリン規範を必要としたのは，俯瞰的で統合的な知識をつくるため(だけ)ではなく，個別特殊な知識である技術知をつくり出すためであった．(学術)知識の細分化の克服に気を取られて，知識の特殊化へ途を開いてしまったのではないかというのが本稿の見方である．であれば，科学技術社会論で「ブダペスト宣言」(1999年)を引きながら強調されてきた，policy for scienceからscience for policyへの(科学技術・学術)政策転換というのもそうした転換ではなかったか．村上(2010)も，「ブダペスト宣言」が「社会のなかの科学・社会のための科学」という科学の「新しい」あり方を宣言したことが，日本のSTSが(公共)政策志向(の科学技術社会論)に転回する契機になったと言う．大学・アカデミアの改革・転換(「大学改革」)が，通商産業省，2000年代からは経済産業省が産学連携に関わる形で進められたことと重ねた検討が必要だろう．また，トランスディシプリン規範の下での「連携」は，(政治的自由と経済的自由を同一視する新自由主義思潮と同様に)公私の曖昧化と親和的である．だとすれば，すでに，モード論を参照した日本学術会議の「自己改革」が，昨今の，同会議を法人化して政府を含む公私さまざまな顧客に助言する(販売する)シンクタンクに(すれば財政基盤も強まる)という議論への途を開いていたのではないか，合わせて検討が必要だろう(日本学術会議の在り方に関する有識者懇談会 2023；小森田 2024)．

7）政策文書で(も)あるGibbons et al.(1994=1997)が，モード論の実施主体として主に想定していたのは国であり大学・アカデミアであって，科学技術社会論でのモード論への関心も，政府の科学技術／学術政策や，主体としての大学・アカデミアのあり方(大学論)に偏りがちであった．しかし，モード論とそれを論じる科学技術社会論が，規範的な知識論・学問論として，どのように社会をつくっていったのか，その社会的機能を理解するには，科学技術／知識政策モード論の実施主体を広く検討する必要がある．大学・アカデミアでの新たな学問論と理解されたことでモード論と科学技術社会論の社会規範として力は強まったにしてもである．その点では本稿の検討も一面に止まっているが，例えば，Woolgar et al.(2009)は，モード論の推進に向かう日本のSTS(科学技術社会論)にも言及しつつ，1990年代(後半)から，(一部の)STSで企業がその実施主体となっていることを指摘している(木原 2024)．また，以下の2節でも見るが，民主的コントロールの手法として科学技術社会論が論じてきた「参加型社会デザイン」の実施主体は，市民(団体)だけでなく企業や政府・行政などでもある．また，木原(2022)は，(1980年代後半〜)90年代になって，市民運動に代わって身近な問題の解決を目指す市民「活動」としてこの国に(も)現れてきた「市民科学」のなかにも，科学技術社会論の実施主体を見ている．そして，いずれの場合も，個別の問題を個別に解決してゆく(モード論と同じ)方向に引っ張られてきたというのが本稿の言い分である(注11参照)．今日の大学で進む研究のコンサルタント化，教育の切り売り(マイクロクレデンシャル)も，同じ駆動の結果なのではないか．

8）そこから，個別化する顧客・消費者の求めに応じる「デザイン思考」への期待も生まれた．2節を参照．

9）1985年の「ヤング・レポート」を受けて米国政府が始めたプロパテント政策は，1994年に米国主導の下で，GATTが知的所有権保護を謳った「知的所有権の貿易関連の側面に関する協定」(TRIPS協定)で合意し，1995年にGATTの「世界貿易機関」(WTO)移行に伴ってTRIPS協定履行がWTO加盟の条件になると，一挙にグローバルに広がった(注4参照)．日本もその例外ではなかった．

10）それだけではなかった．予想のつかないリスクにさらされるフレキシブルな社会にフレキシブルに対応して，より「安心安全」に生きていこうと，モード論に従って技術知を称揚してきたはずの科学技術社会論が，技術知を称揚することで，安心安全を欠いたフレキシブルな「リスク社会」を支えていた．それは，マッチで火をつけておいてそれを自らポンプで消そうとするようなことだった．

11）「スケールの政治」は，グローバル化のなかで進む，国，都市・地域，国際組織などの間での，統治(する「われわれ」)の範囲の再編に注目して，1990年代から地理学で展開されてきた視点だが(中澤2013)，STSでは，例えば，地域公害問題なのか地球環境問題なのか，どのスケールの(自然)環境の何を問題とするのか，そして，誰にその規制・コントロールの責任があるとするのかなどを巡って，スケールの政治が論じられてきた(Kinchy 2014)．しかし，STSでも(科学技術社会論でも)，スケールの政治の視点から検討されるべきはそれに限らない．例えば，環境倫理，生命倫理，情報倫理，技術者倫理，最近ではAIの倫理など，法(規制)の普遍性よりも倫理(規制)の個別性を好んで，責任主体としての「われわれ」の範囲を狭く設定する(できる)コントロールが多用されてきたが，それは，フレキシブルな社会をつくっていくうえで使い勝手がよかったからではないか．そこにどのような力が働いてきたか，スケールの政治の視点からの検討が必要だろう(注7参照)．

12）科学技術社会論では，(参加型)デザインによる社会づくりの試みとして，市民参加の科学技術コミュニケーションやリスクコミュニケーション，市民参加型テクノロジーアセスメント，市民参加型(コンセンサス／気候)会議など，さまざまなものが論じられてきた．「計画」してつくる社会は市民参加を欠く(少ない)ので「デザイン」による社会づくりが求められたようにも見えるが，そうではないだろう．市民が参加して計画して全体としての社会をつくる試みもあるからである．「デザイン」概念が多用される理由は他にあったというのが本稿の主張である．加えて，「計画」と「デザイン」には，本文でも示唆したように，それぞれの語(概念)の歴史的経路を反映して意味にずれとともに重なりがあり，それも，(社会)「デザイン」が今日多用される理由を見えにくくしている．また，1990年代半ば以降からの「科学技術基本計画」に見るように，政府が「計画」して(参加型)デザインによる社会づくりを試みているという事態の重なりも，理由を見えにくくしているだろう．

なお，本節はAckermann (2023)，Irani (2018)に想を得て，それを展開拡大している．

13）デザイン思考が約束するこうした素人の専門性は，専門知識の民主化とも見えるが，変化するフレキシブルな市場のなかで，企業が個別化する消費者の求めに対応してその力をさらに強める(ための)ものであり，(米国政府が)1990年代にグローバルな標準化に成功した知的財産権「制度」と一体になって，(米国など)先進国や先進企業の経済優位を護り維持するように働いている(1節および注9参照．詳しくはIrani 2018)．

14）1980年代からは(特に英国では)，政策立案の外部委託とともに，政府・行政(部門)内でも行政効率化を掲げて立案と執行の分離が進められた．木原(2013)参照．

15）「構造」への責任としての倫理(Young 2011=2014)，「政治」への責任としての倫理(Mouffe 2000)を語ることから市民は離れてはいけないというのが本稿の主張である．

■文献

Ackermann, R. 2023: “Design thinking was supposed to fix the world. Where did it go wrong?” *MIT Technology Review*, 126(2), 28–35.

Aronova, E. 2012: *Studies of Science Before “Science Studies”: Cold War and the Politics of Science in the U.S., U.K., and U.S.S.R., 1950s–1970s*, UMI Dissertation Pub.

Aronova, E. and Turchetti, S. eds. 2016: *Science Studies during the Cold War and Beyond: Paradigms Defected*, Springer.

Bauman, Z. 2000: *Liquid Modernity*, Polity；森田典正訳『リキッド・モダニティ――液状化する社会』大月書店，2001.

Bauman, Z. 2007: *Liquid Times: Living in an Age of Uncertainty*, Polity.

Beck, U. 1986: *Risikogesellschaft – Auf dem Weg in eine andere Moderne*, Shurkamp；東廉，伊藤美登里訳『危険社会：新しい近代への道』法政大学出版局，1998.

Boltanski, L. and Chiapello, E. 2005: “The new spirit of capitalism,” *International Journal of Politics, Culture, and Society*, 18(3–4), 161–188.

Brown, T. 2009: *Change by Design: How Design Thinking Transforms Organizations and Inspires Innovation,* Harper Business；千葉敏生訳『デザイン思考が世界を変える』早川書房，2010.

Collington, R. and Mazzucato, M. 2021: “Britain's public sector is paying the price for the government's consultancy habit,” *The Guardian*, September, 21.
Gibbons, M. et al. 1994: *The New Production of Knowledge*, SAGE；小林信一監訳『現代社会と知の創造：モード論とは何か』丸善出版, 1997.
Harvey, D. 1989: *The Condition of Postmodernity: An Enquiry into the Origins of Cultural Change*, Blackwell；吉原直樹監訳『社会学の思想 3 ポストモダニティの条件』青木書店，1999.
Irani, L. 2018: “ ‘Design Thinking’ : Defending Silicon Valley at the Apex of Global Labor Hierarchies,” *Catalyst: Feminism, Theory, Technoscience*, 4(1), 1–19.
Julier, G. and Kimbell, L. 2019: “Keeping the System Going: Social Design and the Reproduction of Inequalities in Neoliberal Times,” *Design Issues*, 34, 5, 12–22.
木原英逸 2013：「ガバナンス統治の技術としてのSTS」『情況』2 (6), 58–80.
木原英逸 2021：「科学技術「批判」の転向——科学技術論の回顧と展望」国士舘大学『経済研紀要』33, 1–21.
木原英逸 2022：「問い直そう！「シチズンサイエンス」と「市民科学」」『科学技術社会論研究』20，97–109.
木原英逸 2024：「なぜ「科学技術<社会>論」が現れたのか？：転換期としての 1990 年代」『日本科学史学会・第 71 回年会・総会 研究発表講演要旨集』25.
Kinchy, A. J. 2014: “Political Scale and Conflicts over Knowledge Production,” in Kleinman, D. L., Moore, K. eds. *Routledge Handbook of Science, Technology, and Society*, Routledge, 246–62.
小林信一・見上公一 2023：「2021 年度科学技術社会論・柿内賢信記念賞 特別賞受賞記念講演 科学技術社会論と政策研究」『科学技術社会論研究』21，109–125.
小森田秋夫 2024：「法人化は独立性を高めるのか」，シンポジウム「日本学術会議の法人化は社会と学問をどう変えるのか」2024 年 7 月 27 日，早稲田大学における報告．http://cl-p.jp/wp-content/uploads/2024/07/2.komorida.pdf
Mazzucato, M. and Collington, R. 2023: *The Big Con : How the Consulting Industry Weakens our Businesses, Infantilizes our Governments and Warps our Economies*, Allen Lane.
Mouffe, C. 2000: “Which Ethics for Democracy?” in Garber, M. B., Hanssen, B. and Walkowitz, R. L. eds : *The turn to ethics*, New York: Routledge. 85–94.
村上陽一郎 2010：「STSNJ 20 周年記念シンポジウム：STS 再考」基調講演，2010 年 3 月 27 日，東京工業大学.
中澤秀雄 2013：「平成リスケーリングを問う意味——戦後史における国家性スケールと地域主体」『地域社会学会年報 第 25 集』ハーベスト社, 5–22.
日本学術会議 2000：「学術の社会的役割特別委員会・報告 学術の社会的役割」
日本学術会議の在り方に関する有識者懇談会 2023：「中間報告」
西村吉雄 1995：『半導体産業のゆくえ——メディア・ルネサンスの時代へ』丸善出版.
西村吉雄 2017：「イノベーション再考」『科学技術社会論研究』13，82–97.
Nye, M. J. 2011: *Michael Polanyi and His Generation; Origins of the Social Construction of Science*. Univ. of Chicago Press.
O'Connor, A. 2001: *Poverty Knowledge: Social Science, Social Policy, and the Poor in Twentieth-Century U.S. History*, Princeton University Press.
岡本拓司 2021：『近代日本の科学論——明治維新から敗戦まで』名古屋大学出版会.
Plehwe, D., Slobodian, Q. and Mirowski, P. eds. 2020: *Nine Lives of Neoliberalism*, Verso.
Reich, R. 1991: *The Work of Nations: Preparing Ourselves for 21st Century Capitalism*, Knopf Publishing；中谷巌訳『ザ・ワーク・オブ・ネーションズ——21 世紀資本主義のイメージ』ダイヤモンド社，1991.
Sennett, R. 1998: *The Corrosion of Character: the Personal Consequences of Work in the New Capitalism*, W.W. Norton；斎藤秀正訳『それでも新資本主義についていくか——アメリカ型経営と個人の衝突』ダイヤモンド社，1999.
Sennett, R. 2006: *The Culture of the New Capitalism*, Yale University Press；森田典正訳『不安な経済／

漂流する個人――新しい資本主義の労働・消費文化』大月書店，2008.
Steinmetz, G. 2005: “Sociology. Scientific Authority and the Transition to Post-Fordism: The Plausibility of Positivism in U.S. Sociology since 1945,” in Steinmetz, G. ed. *Politics of Method in The Human Sciences: Positivism and Its Epistemological Others*, Duke University Press, 275–324.
ヴィルノ，パオロ 2003：『ポストフォーディズムの資本主義――社会科学と「ヒューマン・ネイチャー」』人文書院.
Webster, F. 2000: “INFORMATION, CAPITALISM AND UNCERTAINTY,” *Information, Communication & Society*, 3(1), 69–90.
Woolgar, S., Coopmans, C. and Neyland D. 2009: “Does STS Mean Business?” *Organization*, 16(1), 5–30.
山崎望 2017：「危機の時代における民主主義(1)：例外状態における統治」『駒澤法学』16(3), 43-61.
吉川弘之監修 1997：『新工学知 1 技術知の位相：プロセス知の視点から』，『新工学知 2 技術知の本質：文脈性と創造性』，『新工学知 3 技術知の射程：人工物環境と知』東京大学出版会.
Young, I. M. 2011: *Responsibility for Justice*, Oxford University Press；岡野八代，池田直子訳『正義への責任』岩波書店，2014.

2023 年度科学技術社会論・柿内賢信記念賞　特別賞受賞記念講演

生殖技術を進展させる人と，技術を選択する人

それぞれの「語り」から科学・技術・社会を考える

柘植あづみ*

日時：2023 年 12 月 9 日(土)16：50〜17：40
場所：大阪大学豊中キャンパス

はじめに

思いがけず 2023 年度科学技術社会論・柿内賢信記念賞の特別賞を授与いただき，自分が「生殖技術」を研究フィールドとして学際的な研究領域に飛び込んでからの数十年を振り返る機会をもてた．一番うれしかったのは，私の研究が「生殖技術の広がりと文化や価値観の相互作用の分析による科学技術社会論へ多大な貢献」をしたと評価いただいたことである．学部学生のころから科学技術と社会の関係について考え，そこに立ち現れる諸課題の解決につながるような仕事がしたいと願ってきたことが，もちろん十分に実行できているとは思わないが，評価されたことは望外の喜びである．2023 年度の科学技術社会論学会大阪大学大会において動画「出会いからいっぱい学んだ」であいさつしたように，多くの方々に教わり助けられて来たことに感謝し，それを学術的にも評価いただけたこととの幸運を喜び，受賞を喜んでくれた人たちに謝意を表したい．

これまで指導いただいた方々，研究会等で切磋琢磨してきた方々，お一人お一人に謝辞を述べたいが，かなりの数にのぼることから省略させていただく無礼をお許しいただきたい．ただし，この学会の功労者でもあり，私が医療／科学技術と社会や生命倫理について学ぼうとした 1980 年代末から 1990 年代初めに大変にお世話になった東京大学先端科学技術研究センターの科学技術倫理講座(当時)の村上陽一郎さんと中島秀人さんには感謝を述べたい．そしてお茶の水女子大学大学院でフィールドワークとインタビューを中心に指導いただいた故原ひろ子さんにも謝意を表したい．

そろそろ定年を気にかける年齢になったが，今回の受賞によって，この分野における研究を発展させ，後進にバトンタッチしていく責任を負ったことを自覚し，その努力を絶やさぬようにしていきたい．本稿は今後やるべきこと，やりたいことの決意表明あるいは備忘録として記す．

2024 年 6 月 27 日受付　2024 年 6 月 27 日掲載決定
＊明治学院大学社会学部社会学科・教授，tsuge@soc.meijigakuin.ac.jp

1．「生殖技術と文化・社会の相互作用」を明らかにするという研究テーマに辿り着くまで

1.1　リアルタイムで「生殖技術」の進展を見られた「幸運」

東北大学で日本初の体外受精による出産が1983年10月に公表され，同月に日本産科婦人科学会が体外受精に関する指針にあたる「体外受精・胚移植に関する見解」を公表した．当時の日本産科婦人科学会会長は東北大学の鈴木雅洲教授であった．技術を推進する人が会長である学会が倫理的な内容を含む指針を設けたわけである．もちろん審議する委員会のメンバー(注　委員長は品川信良)には学会長を含んでいない．日本産科婦人科学会が体外受精の実施施設と年次報告の制度(登録報告制)を敷いたのは1988年からであり，全国の体外受精の実施件数や「成功率」を公式に集計，発表しはじめたのは，1990年(1988年分の成績)からである．当時の体外受精-胚移植(IVF-ET)の成功率は，治療周期数あたりの生産分娩率(生きている子の出産率)が10パーセント未満だった．しかし，マスコミはそれを「成功」として讃えていた．

私が調査してきた30年間でも，技術の盛衰がある．1990年前後の不妊治療は，排卵誘発剤の服用・投与の他，卵管の顕微鏡下手術(マイクロサージェリー)や腹腔鏡によって卵管などの癒着を剥がす手術に，体外受精が加わり，ギフト(GIFT)と呼ばれる培養液中に卵子と精子を調整したものを卵管内に入れて，「自然な」受精と受精卵の卵管内の移動，子宮内膜への着床を待つ方法も，かなりの件数が行われていた．やや遅れて，精子数が少なくとも受精させられる顕微授精が加わった．現在は，卵管のマイクロサージェリーやGIFTはほとんど行われず，体外受精，顕微授精は保険適用されて多用されている．

その一方で，患者は，不妊検査や治療による苦痛と，パートナー(主に夫)との関係，自分やパートナーの親やきょうだいとの関係，職場や同僚との関係，友人や知人との関係など，波紋のように拡がる悩みに苦しんでいる．不妊検査や治療による苦痛とは，痛みだけではなく，モルモットのような実験対象としての客体化，十分な説明がないままに，多くが下半身や性にかかわることがらのため，羞恥心を伴ったり尊厳のない扱いをされること，子どもを得ることを期待して我慢しているにもかかわらずなかなか出産に至らないことからくる焦り，絶望，自己身体からの疎外，自己尊重感の低下(卑下)，あきらめたいのにあきらめられない心理，社会からの偏見，不妊の人へのスティグマ，制度的差別(たとえば日本の戸籍制度を基にした遺産相続)，慣習などが挙げられた(柘植1999; 2012)．

しかし，文化や社会を変えるのは難しいから出産する努力を払えといわんばかりに，出産に至らせるための医療技術が次々と登場している．

1.2　OTAレポートとフェミニストの生殖技術批判との出会い

三菱化学生命科学研究所(当時)の研究員であった米本昌平さんが事務局を担った生命倫理研究会では，専門領域が異なる多くの同世代の仲間に恵まれた．そこで，私は本文だけで300ページ以上，付録が約100ページあるアメリカ議会のOTA(Office of Technology Assessment)によるInfertility: Medical and Social Choices(OTA 1988)の報告書を借りて読んだ．それを編纂したOTAの委員は不妊治療を担当している医師や生殖を専門とする医師の他に，生命倫理学(Bioethics)，法学，科学技術論，社会学，不妊の患者会の代表，カトリックの神父などが加わり，女性はネットで検索して確認できた人が20名中5名いた．35年前の委員会である．

このOTAのレポートには，不妊原因，予防，治療，不妊に関する人口動態，先端的な不妊治療技術の技術水準(成功率，危険性等)，倫理に関する考察，各種の生殖技術と法律との関連についての考察，配偶子提供や代理出産に関する社会的な課題と倫理，胚研究に関する法律と不妊治療への影響，不妊治療や生殖技術に関するフェミニストの視点，宗教からの視点などの章が設けられていた．さらに，各種生殖技術の成功率や危険性を指摘し，その倫理的，社会的な課題を論じ，患者会やフェミニスト，宗教者を委員に加えて多様なテーマでの議論を行っていた．そのことに，心を躍らせながら，専門用語や独特な表現を含めて辞書と格闘したことを覚えている．

イギリスでは1984年にメアリー・ウォーノックを委員長とするウォーノック委員会が報告書(通称ウォーノックレポート)を提出し，その一部が商業的な代理出産を禁止するなどの法律となり，後にHFE法とその監督管理を行うHFEAの設立へと繋がった．オーストラリアのビクトリア州でもウォラー委員会が世界初の不妊治療法(Infertility (medical procedure) Act)を制定し，第三者からの提供配偶子によって生まれた子がその事実を知る権利，遺伝学的なつながりのある配偶子提供者について知る権利が，世界で初めて議論された．ただし，国としての法律ではスウェーデンの人工授精法による規定が世界初とされている．これらの法律制定に至る過程でも，技術の品質だけではなく，体外の受精卵や胚をいかなる存在とみなすか，第三者からの提供配偶子や代理出産で子どもをもつことの法的・倫理的な解釈，養子縁組との関係，子どもをもつことの社会的な受け止めなども議論されていた．アメリカの議会がＯＴＡを有し(当時)テクノロジー・アセスメントとしてかなり幅広い視点から技術が検討されていたことは新鮮な驚きであった．一方，日本にはそのような公的委員会はなく，医療／科学技術のテクノロジー・アセスメントや倫理等に関する議論の蓄積もほとんどないことに疑問を抱いた．

1.3　研究テーマの模索

お茶の水女子大学に入学を決めた理由は，当時「女性文化研究センター」と家政学部(後に生活科学部)の兼任だった文化人類学者の原ひろ子教授に「生殖技術のことはわからないけれど，調査方法なら教えてあげる」と言ってもらえたことであった．クライン他編『不妊—いま何が行われているのか』の翻訳の過程で，ジェンダー／フェミニズムの視点から医療・科学技術の進展を分析することに興味をもっていたことも影響した．

ただ，実際に調査の準備をしようとするとテーマを絞らなければならず，不妊治療を受けた人とそれを実施している医師へのインタビュー調査，出生前診断を受けた人とそれを実施している医師へのインタビュー調査のいずれを研究テーマにするか迷った．

すでに生命倫理研究会において，1989年に体外受精などの不妊治療について調べ，私はテクノロジー・アセスメントについてまとめた．1990年には出生前診断をテーマに定めて，報告書作成の準備を進めていた．そのため2, 3人で出生前診断を実施している医師へのインタビューを行った．それとは別に，私一人で知人からの紹介を得て羊水検査を受けるか迷って受けた人と受けなかった人へのインタビューを始めていた．

また，お茶の水女子大学大学院に私が入学する以前に，お茶の水女子大学生命倫理研究会が「女性のためのエッソ研究助成財団」に助成を申請し，それが1990年から認められていた．そこで，不妊治療をしている女性にインタビューする研究計画が進んでいた．私もそのメンバーに加えてもらい，共同研究として何人かの女性にインタビューした．私の希望で医師3名にもインタビューしていた(お茶の水女子大学生命倫理研究会 1992)．

そんなとき，生命倫理の勉強会仲間から，不妊治療に関する私が執筆したテクノロジー・アセスメントの箇所について，技術の問題点は技術が進展すれば解決されるので，もっと倫理などの文化社会的な面に焦点を当てた方が良いのではないかとアドバイスをもらったが，それには反論があった.『不妊―いま何が行われているのか』(クライン他編 1991)を翻訳家の大島かおりさんの協力もあり，グループで翻訳，出版できたが，その経験から次のように考えていたためである．技術が進展する過程において，様々な課題・問題が表れ，ある問題が解消したとしても，別の問題点が生じる原因として，ジェンダーや階層などを含む社会経済的な問題や政治性を感じていた．生殖技術に批判的なフェミニストが編纂した『不妊』では，不妊治療を経験した人からの生殖技術への批判や指摘に耳を傾けたことが，それまでのフェミニストの著作とは異なっていた．そのため，当時のフェミニストの本としてはめずらしく「子どもが欲しい」という欲求が率直に表現されている．たとえば，十分な動物研究や臨床研究がなされないまま，インフォームド・コンセントもないままに先端医療の「被験者」として扱われ，成功率や危険性も知らされず，医師のあからさまに女性患者を見下した態度も加わり，患者が長期間の不妊治療で心身ともに追いつめられていく様について著されている．そこには，インターセクショナリティ，つまりジェンダーと医師と患者の非対称性，科学技術観やさまざまな文化社会的な要因が影響して生殖技術が成立していることが示されていた．そこから，テクノロジー・アセスメントは技術の倫理的社会的側面まで含めて行なうものだという気持ちをもっていたし，技術の側面の評価に社会的価値があぶり出されると考えていた.

しかし，冷静になれば，技術の側面に拘るよりも，技術を媒介して生じていることの外側にあることを考えるべきだという気持ちが強まった.

実は『不妊』の翻訳書が出版され，新聞や女性誌で紹介されると，不妊に悩み，不妊治療に苦しむ人たちの声が出版社に次々と届いた．そのため翻訳グループとしてのフィンレージの会から，不妊の自助グループとしてのフィンレージの会に転換した．そこで，大勢の不妊・不妊治療経験者と出会い，多くのことを話し，考えた．これは不妊に直面し，不妊治療を経験している人たちの心身両面の困難を理解するのには役立ったが，かなりの時間を費やしていたために，自分の研究はゆっくりとしか進まなかった．私が研究をしていることはすでにわかっており，フィンレージの会の会員は研究対象にしないというルールを設けたために，なかなか自分の研究のインタビューが進められなかった．ただし，自助グループの運営にかかわった経験から，インタビューの内容は，いま振り返っても豊かな情報を含んでいたと思う.

研究テーマを考える際に，なぜこれだけ成功率が低く，患者が辛いと苦しむ医療技術を大勢の医師が実施するのか，なぜ不妊の予防や基本的な医療(排卵誘発や着床促進の薬の効果の向上と副作用の低減)が進まないにもかかわらず「先端」医療を実施したい医師が増えるのか，患者はこれだけ不満があるのになぜそれを医師には伝えない／伝えられないのか，さらに医療技術の進展の方向はいかに決まるのかへの関心が強まった．そこで，不妊治療を実践している産婦人科医に対面でのインタビューをして，なぜ，いかに，どんな方向に，不妊治療技術が進展するのかを検討したいと考えるようになった．それは，患者の側に立てば，なぜ患者はこれだけ成功率が低く，辛く苦しい医療技術を選択し，成果がなかなか出ないことを耐え忍ぶのか，不妊と不妊治療によって夫婦関係，医療者との関係，その他の家族，職場の同僚，友人との関係が悪化したり，疎遠になるのはなぜなのか，そしてなぜ不妊治療をしていること，不妊治療によって子どもを得たことを他人に話そうとしないのかなどの疑問を解きたいと思った.

1.4 生殖技術に関する調査の開始

そこで，研究テーマを絞りきれないままに，自分が研究したい2つのテーマ，つまり，出生前診断と不妊治療の両方を対象にした調査研究の計画を立てて，トヨタ財団の若手研究助成に応募した．1991年度はあえなく落ちたが，1992年度に再度申請して，1992年10月からの助成を得られた．最初は，出生前診断についてと不妊治療についての調査を並行して行っていた．出生前診断については生命倫理研究会生殖技術研究チーム報告書の一部として発行して，いったん区切りをつけた．一方，不妊治療については，国内での医師と不妊治療を受けている女性への調査を進め，1993年の夏にトヨタ財団の助成金を使ってオーストラリアのビクトリア州にて約1か月間のフィールドワークをした．ビクトリア州では不妊治療に関する法律が施行され，その議論にまつわる膨大な資料がまとめられていた．その収集と数件のインタビューを実施した．

トヨタ財団には1年間の延長の申請をして認められた．この報告書は1995年3月に「生殖医療技術と文化・社会の相関関係——不妊治療における患者の『選択』」というタイトルの報告書(全50ページ)としてトヨタ財団に提出した．内容の中心は，日本で不妊治療をしていた11名の女性への1，2回のインタビューの結果をまとめたものだった．ただし，1回のインタビューは2～3時間，その他に手紙やファックスでのやりとりが含まれた．この時点では，データの分析方法も未熟で，一人ひとりのインタビューをまとめて事例として紹介し，最後に分析枠組みを設けて，11名の「選択」を比較検討しただけだった．

臨床研究あるいはそれ以前の実験的な段階の技術を説明なく試すことも頻繁に行われていた．インフォームド･コンセントはなく，患者が痛みや体調不良を訴えると，「子どもが欲しいんでしょ」と言われ，我慢せざるを得ない．仕事をしている人にとっては，月経(生理)周期，基礎体温の変化にあわせて通院する苦労もある．にもかかわず，なかなか妊娠できず，不妊治療のために仕事を辞めたり，フルタイムからパートタイム勤務に変更したという話も聞いた．不妊検査を続けても原因がわからないまま，排卵誘発剤などの薬の服用をしていても妊娠できず，1年以上してから精液検査をして，そこで男性不妊がみつかったことに納得がいかないと医師の治療方針への不信感を述べた人もいた．体外受精やGIFT，後に顕微授精が始まってからは，その高額な費用から，治療を続けるために，辛くとも働きつづける必要があるとした人に何人も会った．

さらに，体外受精のための排卵誘発剤による卵巣過剰刺激症候群などの副作用，痛みや吐き気の訴え，妻の月経サイクルにあわせて夫が採精のために病院にいかなければならないが，仕事の都合で人工授精や体外受精の周期がキャンセルになることがあり，不妊治療をするようになってから夫婦仲が悪くなったとかセックスレスになったという悩み，排卵に合わせて通院するために前日や当日に職場に有休や病休を申し出て上司や同僚から非難されたこと，医師に不快や苦痛を訴えても，「これが痛いはずがない」とか，「あなたの卵巣が反応しないためだ」という対応をされて傷ついたなどのナラティブが膨大に蓄積された．

1.5　博士学位申請論文

トヨタ財団の報告書では，各事例の不妊原因，治療とその結果，副作用経験だけではなく，治療をはじめた経緯，それをとりまく家族・親族・姻族との関係，仕事，友人関係，夫のかかわり方に多様性があることを報告書にまとめた．コピー簡易製本した報告書を読んでくれた人からは好評だった．それが博士論文の1章分にはなると考え，やれやれという気分だった．だが，指導教員に相談したところ，女性の家族・親族，友人，同僚，医師への愚痴を聞き取っているように受け止められる会話記録が多く，論文審査の委員から「ルポルタージュならまだしも学術論文としていかがなものか」という批判が出されそうなので，博士論文は医師へのインタビュー調査だけにしたほうが良い，という内容の助言をされた．文化人類学はまだしも，(少なくとも所属していた研究科では)

社会学でも社会心理学でも一部を除いて理論研究か量的研究が優勢であり，質的研究は主観的な分析にすぎるという批判的評価が出されることを見越しての判断だった．ふりだしに戻された気分で，不満もあったが，嘆いている前に書かなければという思いで，論文構成からやり直した．

いまなら，同じ不妊治療をしている女性のデータを用いても，先行研究も充実させて，自分のオリジナルな分析・考察ができ，博士論文の水準にできるかもしれないが，当時の私の論文が稚拙だったのだと思う．

1994年4月に，札幌郊外にある北海道医療大学に就職が決まり，博士論文執筆が中途のまま，新生活が始まった．当然，4月から7月までは授業と会議，役割，そして生活で精一杯だった．やっと夏休みになり，とにかく，医師35名へのインタビューデータを整理しなければという気持ちで，なんどもインタビューの文字起こしを読み返し，同じコピーを何部も用意し，ラインマーカーで色分けをして線を引き，ナラティブのブロックをハサミで切り取って並べ，分析枠組ごとに並べ替え，という手作業を，延々と続けた．よく飽きもせず，と自分でも思うほどだったが，データを分析していくのは面白かった．エクセルソフトさえなく，ワープロで文章を書いていた．

不妊という状態が文化・社会において劣った状態とみなされ治すべきとされていること，にもかかわらず治せる症例は少ないこと，不妊の医療化は治せる医療が進んだから生じたのではなく，新しい技術で治せると医師も信じ，メディアも宣伝したために進んだこと，そのために治療がうまくいかなかった人は治療に入る前よりも自分を卑下し，治療から抜けられなくなったことを述べた．加えて，医師が自分が文化的社会的価値を内包し，それが不妊患者への視線，誰にどんな治療を「施す」かの判断に反映していることに無自覚であること，そのために不妊というスティグマ，医療とジェンダー・バイアス，専門家である医師と女性患者の関係の非対称性が存続していると論じた．医師は新しい技術の成功や治すことに注力することは「医師の役割」と認識しているが，患者が苦しんでいる文化的社会的理由への取り組みは医師の役割ではないと切り離すことも事例から指摘した．先端的な生殖技術を実施することに熱中し，不妊を防ぐ方法も，不妊原因を治す方法も，関心を抱く人が少ないことなど，医師の語りから分析していけることは限りなくあった．

就職1年目になんとかデータ分析が終わり，次の半年で書き上げて，博士申請論文を提出できた．提出後も，主査・副査からの書き直し指示は矢のごとく降り注いだ．自分から見ると，この指摘は不妊治療をわかってない人だからだねというような修正指示に応えているうちに，大事な点に気づけたこともあった．ここから学んだのは，データ分析を一人ではなく，異なる知識，価値観を有する人からの，一見頓珍漢と思えるような質問や疑問に，丁寧に，あるいは，ナニクソと思って対応すべしということである．これは研究会や学会での発表に対する質問や批判でも同じことがいえる．

結局，博士後期課程に4年間在籍し，就職のために単位取得退学をして，入学してから6年目の秋に博士申請論文を提出し，次の3月に博士号を授与された．つまり6年かかった．当時はまだ，人文社会系には，それ以上の年数をかけないと学位を出さないという風潮があった．博士学位申請論文の表題は「医師の生殖医療技術観——不妊治療を担う産婦人科医へのインタビュー調査」である．

2．研究の拡がり

2.1　モントリオールで

1997年の夏，カナダのマッギル大学のマーガレット・ロック（医療人類学）のところで3か月弱，客員研究員として学ぶ機会を得た．本当は医療人類学をきちんと勉強したいと思って行ったのだが，つい，女性の健康，性と生殖に関する様々なグループを訪れて話を聴くことの方に重点が移ってしまった．その中では，DES daughterと呼ばれた人たちの自助グループを訪問したときのことが強い印象として残っている．「不妊」をキーワードにして見つけたグループだった．DESという流産防止剤を使用した妊婦から生まれた女児の生殖器に悪性腫瘍が発症した薬害被害者が，裁判を経て，製薬会社が賠償と医療費の補償をしていた．若年でのがんと不妊の苦しみを負う私とほぼ同年代の女性がインタビューに応じてくれた．そのライフストーリは衝撃であったが，帰国後，いくらか調べたが日本ではDESについて調査の端緒を見つけられず，課題のまま棚上げにしてしまっている．もうひとつが，バースセンターである．再教育を受けた助産婦が出産を担う，病院化した出産を脱病院化しようというケベック州政府のプロジェクトだった．これについては，1，2本の論文と報告を書いた．

もうひとつ札幌の2軒の病院に1年間隔週で受け入れてもらった参与観察と患者へのインタビューを行った．これは科研費報告書として冊子にまとめ，随筆でも紹介したが，書籍化の話をいただいたのに自分の怠慢でできなかったことを反省している．

2.2　明治学院大学へ

1999年明治学院大学に就職．それ以前から取り組んでいた博士論文とトヨタ財団の報告書を合体させて，文章を読みやすくした『文化としての生殖技術－不妊治療にたずさわる医師の語り』を松籟社から出版できた．これが2000年度山川菊栄記念婦人問題研究奨励金（通称，山川菊栄賞）を受賞した．実は，この書籍には博士論文の際に切り離した不妊治療をしていた女性たちへのインタビュー調査のまとめを復活させた．ジェンダー研究者に与えられる賞を受けられたのは，この1章分を挿入したおかげだと，内心思っている．ただ，これは私の発案ではなく，トヨタ財団の報告書を読んで，出版の提案をしてくれた若手だった優秀な編集者竹中尚史さんの提案だった．

2.3　お茶の水女子大学21世紀COEプログラムにて「若手」との共同

2003年，お茶の水女子大学のジェンダー研究センターが中心になって21世紀COEプログラム「ジェンダー研究のフロンティア」がスタートした．その中のプロジェクトC「身体と科学・医療・技術」のサブプロジェクトとして「ポストゲノム時代における生物医学とジェンダー」をリーダーとして立ち上げることになった．しかし，この年，自分の科研費で出生前検査についてのアンケート調査とインタビュー調査を準備，実行していた．また，提供配偶子による生殖技術に関する国内外の調査プロジェクトにも参加していたため，時間的にも労力的にも厳しかったが，若手育成としての企画をできるということでお引き受けした．40歳代，体力があったと今になって思う．

まず，アメリカのRayna RappとイギリスのMargaret Sleeboomを招聘し，シンポジウムにおいて講演をしてもらうだけではなく，公募した若手が研究発表をする合宿でのコメンテーターを依頼した．二人共，文化人類学／医療人類学者であり，STSの研究をしている．とくにRappはすでに世界的に有名だった．合宿に参加した人たちが喜んだのは当然である．このシンポジウムと合宿は仙波由加里さんの尽力があって可能になった．その後，私は明治学院大学から在外研究とし2004-5年にスタンフォード大学に客員研究員として滞在したため，C 3サブプロジェクトは信州大学（当時）の武藤香織さんにお任せした．アメリカで内診台に関する調査を思いつき．帰国後に，韓国のファン・ウソク事件に関する調査を，洪賢秀さんを中心に共同研究としてはじめた（プロジェクトC3　2007，Tsuge and Hong 2011）．また，卵子の資源化に関する日本，韓国，台湾，アメリカでの調査も開始した．これらには，女性だけではなく男性の若手研究者も加わって研究成果を出せた．内診台プロジェクト報告は時間がかかったが2009年に報告書を出し，その後，三村恭子さんが英語論文を2014年に発表した(Mimura, K. et al. 2014).

科研費の出生前検査についての調査研究は共著『妊娠——あなたの妊娠と出生前検査の経験を教えてください』洛北出版，2010年刊にまとめた(柘植，菅野，石黒 2010)．その上，2011年の東日本大震災の直後から，ボランティアと被災地の女性支援者調査，さらに，震災に関係する女性と子どもへの性暴力に関する調査にも加わり，頻繁に東北新幹線を利用した．それもあって，予定よりも遅れてしまったが2012年に，それまでの生殖技術の研究をまとめた『生殖技術—不妊治療と再生医療は社会に何をもたらすのか』を刊行した．とくに，1991年から繰り返しインタビューに応じてくれた9名のその後を1999年に再度インタビューし，2001年に発表した論文を収載できたことがうれしかった．

それ以降，50代から60代になるまでの時間は，大学の役職，学会の役職，親の遠距離介護とめまぐるしい生活だった．『生殖技術と親になること—不妊治療と出生前検査がもたらす葛藤』2022年の執筆は，夜なべ仕事で頑張ったけれど，2022年度第11回日本医学ジャーナリスト協会賞〈大賞〉をいただけたのは，みすず書房の編集の鈴木英果さんの尽力があっての成果である．みすず書房のWebページに書いた本の紹介が，この本の内容を良く表しているので，その一部を引用する．

> 新たな生殖技術の登場は，今までになかった悩みをうみだした．子どもが生まれる希望や，安心のための技術が，難しい選択を迫り，その責任は親になろうとする人にゆだねられる．選択することとしないことの背景には様々な事情や理由があるが，社会はそれを受け止めているだろうか．

社会が課題を認識して，解決の努力をしなければ，医療技術に依存する状況はますます悪化するだろう．

おわりに

現在の日本では「少子化対策」が政策実施側だけではなく，生殖技術によって子どもをもとうとする人にとっても歓迎される時代になっている．それは，体外受精などの生殖補助医療が健康保険適用になったこと，第三者の配偶子を用いた妊娠・出産を認める法律と規制が準備されていること，自己卵子の凍結保存に自治体が補助金を出すこと，再生医療技術を用いた配偶子作製研究の推進などからも見えてくる．では，技術を提供する側も受ける側も，望んでいるならば，倫理的社会的な課題／問題は不問にされるのだろうか．「少子化対策」という政治的課題が手段を正当化しているようにも見える．

> 研究者としては基礎研究で新しいことを見つけるのもエキサイトするけれども，社会的にインパクトが大きい発見をするのも興奮しますよね．そして社会的なリスペクトされる歓びがあります．これは功名心とも関係するけれども，ちょっと違うんですね．本当の意味で理解されてリスペクトされるというのは人間関係でいちばん求めたいことでしょう．(2002年の再生医療研究者へのグループインタビュー，未発表資料)

リスペクトされることや感謝されることがいろいろな技術を推進させることは度々感じる．医師も同じことを話す．精子提供者や卵子提供者も同じことを話す．患者が望んでいる，利用者が望んでいるからという理由で技術の応用が進んでいっている状況をいかに考えれば良いのだろうか．倫理とか正義とか，人権とか尊厳とか，まだ，うまく言い表せない．そこで最後に，二人の文章を引用しておきたい．ここに，何か糸口があると思うからである．

> (富と健康長寿を求める)現世利益的欲望の充足が，科学する欲望の充足を進める口実にされることもあると考えられる．また，現世利益を求める既存の欲望の充足のために科学の成果が使われるだけでなく，科学の成果が新しい技術の開発につながり，それが，それまではできるとは考えられていなかったことをできるようにして，新たな欲望を生み出すという，逆の流れもある(橳島 2015，17)．

> 2002年に科学技術社会論学会が登場したとき，『科学技術と社会の界面に生じるさまざまな問題に対して，真に学際的な視野から，批判的かつ建設的な学術的研究を行うためのフォーラム』(設立趣意書)をうたった．ELSIと呼ばれる問題群あるいはむしろそこで見えなくなってきた問題群に取り組むのは，伝統的な領域の成果を生かしたうえでの科学技術社会論研究の課題ではないかと考えられる(林 2019，12)．

まだまだ，私がやることはありそうだ．

■文献

OTA(Office of Technology Assessment) 1988: Infertility: Medical and Social Choices, Washinton DC, USA.

Mimura K., Kokado M., Hong, H., Chang C. and Tsuge A. 2014: "Patient-Centered Development? Comparing Japanese and Other Gynecological Examination Tables and Practices," *East Asian Science, Technology and Society: An International Journal*, 8, 3, 323–45.

Tsuge A. and Hong H. 2011: "Reconsidering Ethical Issues about "Voluntary Egg Donors" in Hwang's Case in Global Context," *New Genetics and Society*, 34,3, 241–52.

お茶の水女子大学生命倫理研究会 1992：『不妊とゆれる女たち』学陽書房．

プロジェクトC3 2007：『ファン・ウソク事件と女性の資源化——韓国女性民友会をお招きして　シンポジウム報告書』お茶の水女子大学21世紀COEプログラムF-GENS Publication Series 30.

クライン他編，フィンレージの会訳 1991：『不妊—いま何が行われているのか』晶文社．

柘植あづみ 1992：「出生前診断の受診をめぐる状況－受診対象者からの聞き取り調査」，生命倫理研究会編『出生前診断を考える』45–78.

柘植あづみ 1999：『文化としての生殖技術—不妊治療にたずさわる医師の語り』松籟社．

柘植あづみ 2012：『生殖技術——不妊治療と再生医療は社会に何をもたらすのか』みすず書房．

柘植あづみ 2022：『生殖技術と親になること——不妊治療と出生前検査がもたらす葛藤』みすず書房．

柘植あづみ，菅野摂子，石黒眞里 2010：『妊娠——あなたの妊娠と出生前検査について教えてください』洛北出版．

橳島次郎 2015：『生命科学の欲望と倫理』青土社．

林真理 2019：「身体・生命・人間の資本論——特集にあたって」『科学技術社会論研究』第17号，9–17.

書　評

吉澤剛『不定性からみた科学─開かれた研究・組織・社会のために』

名古屋大学出版会，2021年5月，4,500円＋税，
326ページ
ISBN 978-4-8158-1025-2

［評者］本堂　毅*

研究者や学者と呼ばれる「専門家」は，多くの場合1つの研究領域のプロフェッショナルであり，必ずしもジェネラリストではない．むしろ，ある1つの領域に「閉じた」議論をすることで，精緻な論を構築できるとも言える．その方が，ジャーナル共同体にいる同僚研究者からの受けも良いかもしれない．しかし，社会の現実問題を論ずるときには，その「専門性」が，むしろマイナスに働く場合も多い．新型コロナウイルス感染症における専門家の行動では，感染症などの医学系だけでなく様々な分野で，その領域の視点に「閉じた議論」が見られた．それ故に社会的に重要な論点が欠落した，すなわち「バランスを欠いた」議論を生み，社会的混乱の原因となったり，政策判断の妨げとなった例が多数あったことは，読者の知るところだと思う．

吉澤氏の本のサブタイトルには，「開かれた研究・組織・社会のために」とある．この「開かれた」という表現の背景には，吉澤氏の共同研究者であり，博士課程の指導教員でもあった英国サセックス大学科学技術政策研究ユニット（SPRU）の，アンディ・スターリング（Andy Stirling）氏が提唱する“Opening Up”という概念（Stirling 2008）が関係しているのだろう．ここには，「閉じた」議論にならないよう視点・論点を開くことが，社会的問題の解決に重要であるというスターリング氏や吉澤氏の考え方が見える．一方で，学術的研究対象として，「科学と社会」の関係を俯瞰するために「開かれた」視点で議論を展開することは，厳密性を重んじる「専門」家の集まりである研究者・学者の批判の対象となりやすい面もあり，本書ほど広範な視点を持つ成書は多くなかった．吉澤氏は今回，「社会と科学」の関係を，「不定性」という軸で俯瞰的に捉えようとしている．氏のこれまでの幅広い経験と視野ゆえの大胆な書であり，評者も新鮮な学びを少なからず得た．

章は9つあり，第1章の「科学」に始まり，「研究」，「組織」，「評価」，「大学」，「社会」，「世界」，「未来」と連なり，第9章「知識の不定性」で終える構成となっている．吉澤氏の視野は広く，第1章の「科学」でも，その対象は「自然科学」だけでなく「人文・社会科学」も含む．また，著者はこの書が，悪い意味での「社会構成主義」的なものにならないよう具体例も挙げつつ，慎重に書いているように思える．科学の「不定性」というと，極端な相対主義的主張と捉えられる危険性もあるが，著者の関心はそこではなく，むしろ，不毛な議論に陥らないための“Opening Up”を目的とした「相対化」にあるように思えた．

不定性を直視した上で，私たちが開かれた議論に臨むべき態度として，著者は3つの類型を提示している．無知の知を認めて「引きこもる」態度，自らの暗黙知を過信して「踏み荒らす」態度，無知の無知の知を意識して「踏み出す」態度の3つである．専門家が，自らの無知に無自覚なまま自らの専門領域外を「踏み荒らす」のではなく，自らの無知を自覚し，知的謙虚さを保ちつつ「踏み出す」態度の重要性を強調し，その条件を論じている．

評者は2011年，「踏み越え」という概念を提出した著者の1人だが，近年，この言葉が出典と離れて一人歩きし，誤読している研究者もいるようなので，上記との関係で補足しておきたい．「踏み越え」が問題となるのは，科学（や専門知）だけでは定まらない問題について，さも科学や専門知だけで定まるか

2023年12月21日受付　2024年1月12日掲載決定
*東北大学大学院理学研究科・准教授，hondou@mail.sci.tohoku.ac.jp

のように，科学者（専門家）が社会に発信する点にある．これは，吉澤氏の用語を用いれば「踏み荒らす」態度に近い．そうなると，政治的，社会的議論に開かれ，規範的議論がなされるべき問題があるにも関わらず，それが社会に提示されず，規範的・政治的議論が行われなくなる問題を指摘している．そうなると，社会的公平性に関わる問題が生じてくる．実際，新型コロナでも，そのような問題が多く発生している（本堂，2020, 75; 2021,118）．この点を踏まえれば，専門知で語れることの限界を自覚し，その限界を明確に述べつつ「踏み出す」こと自体は，「踏み越え」として批判されるべきことではない．（科学だけではなく，人文・社会科学の専門知にも同様のことが言える．人文・社会科学だけの専門知では答えが出ない問題に対して，人文・社会科学だけの専門知で答えが出せるかのように振る舞う行為は，科学主義と同様の踏み越えとなるだろう．）

本書第６章「社会」の6.5節「アドボカシー」では「政策における科学者の役割の理念モデル」が４分割のマトリクスで提示されている．新型コロナ禍でも，このマトリクスに基づく議論が行われているようであるが，ここでは「政策立案者と協力して目指すべき政策とは何かといった価値判断に関わりながら，その政策を実現するために必要な専門知識を提供する」科学者を「政策の公平な仲介者」とし，「政策形成に対する科学的助言の理想的なありかたともいえる．」としている．ここで，「公平」とある部分などは，著者が引用している参考文献なども参照しつつ，より詳細な検討が必要な部分と思われる．「公平」は，英語のhonestの訳のようだが（Roger 2007），専門家が上記の条件を満たしつつ政策に関わる場合，提示する「専門知識」の質，選択（バイアス），価値判断への関わり方，責任のあり方などには，参考文献にも議論があるが，政治学的問題を含めた詳細な議論を要すると思われる点があり，単純に「公平」と呼びうるかは自明ではないと思われるからである．

本書は，89ページにも及ぶ詳細な注（および文献リスト）が付けられており，科学論の包括的レビューとしても価値がある．また，不定性に関する様々な概念が提示されているが，それらも多くは排他的，固定的な概念ではないことは重要と思われる．つまり，Andy Stirlingの提唱した不定性マトリクス（第６章）と同様に，不定性概念の多くは，意思決定をめぐって，あるいは理解をめぐって議論や混乱が起こった際に，不毛な議論を避けるため，視点を広げるための「触媒」として利用できる，または「触媒」として作用が期待できるもので，必ずしも分類学的なツールではない．この点に留意すると，本書をよりスムーズに読めるように思われた．狭くなりがちな私たちの視点を開かせてくれる貴重な書であり，多くの会員に読んでもらいたい．

最後に，この本のサブタイトル「開かれた研究・組織・社会のために」の視点で新型コロナをめぐる実例の１つを見てみよう．この評を書き始めた頃，2023年３月20日の朝日新聞デジタルに『マスク着用を「内面化」した日本，外しやすくするには何が必要か』という記事[1)]が掲載された．政府が2023年３月から，マスク着用奨励を止め，個人の判断に委ねることにしたことを受けたものである．その記事の中で，ある倫理学者はこう述べている．「そこで課題になるのは，政府による広報やリスクコミュニケーションです．昨年の夏，屋外ではマスクをつけなくてもいいという方針を政府が示しましたが，あまり浸透しなかった．今回も周知が不足すると，人によってリスク認知のずれが生じ，トラブルの原因になりかねません．」

2023年３月は，新型コロナでの「第８波」のピークを越えた時点である．人口当たりの死者数は，2021年が2020年の約４倍，2022年が約11倍と悪化が止まらず，第７波，第８波で先進７カ国で最悪の状況に陥っていた．欧米各国で，屋内マスクの義務を外したのは，それらの国で感染が落ち着いてきたためだが，日本はそのような状況ではなかった．政府は屋内で国民がマスクを外した場合，どのような感染状況になるか（死者がどの程度になるか等）の試算をまったく行わず，マスク奨励を廃止する判断を行っていた[2)]．しかし当該記事でその学者は，このような感染状況も，マスクを外した場合にさらなる感染拡大に及ぶ可能性も考慮せず，国民が内面化してしまったため，科学的に不要なのにマスク着用を止められないとして議論を行っていた．

このような現象は，「専門家」が社会と関わる際，様々な場面で観察される．そして，「開かれた研究・組織」であるためのOpening Upの重要性を示唆する．狭義の科学だけでなく，人文・社会科学の専門知がこれまで以上に社会活用されるようになって来た現在，本書で取り上げられている不定性の諸概念を，STS学会員の私たちが，第三者としてではなく，専門的知識を社会に提供する当事者として読むと，この本からはより多くの示唆が得られるように思われる．

本稿は平田光司氏に目を通してもらい有益なコメントをもらった．記して感謝する．

■注

1）https://digital.asahi.com/articles/ASR3N35G3R3FUPQJ00S.html（閲覧日，2023年12月20日）
2）https://www.shugiin.go.jp/internet/itdb_shitsumon.nsf/html/shitsumon/211007.htm.（2023年12月20日閲覧）

■文献

Stirling 2008: “Opening UP” and “Closing Down” *Science, Technology, & Human Values*, 33, 262–94.

本堂毅 2020：「感染症専門家会議の「助言」は科学的･公平であったか」『世界』2020年8月号，75–83.

本堂毅 2021：「コロナ禍での財産制限にかかわる科学的知見の不定性」『判例時報』2464，118–20.

Roger 2007: Roger, A., Pielke, Jr., “The Honest Broker: Making Sense of Science in Policy and Politics”, Cambridge University Press, p.14（Table 2.1）.

学会の活動

〈理事会〉

第100回　理事会(2024年3月27日，オンライン開催)出席者：会長，副会長2名，理事11名，事務局幹事2名，監事1名．報告では，入会申し込み用オンラインフォームが3月24日に公開されたことが共有された．議題では，2024年度の予算や事務局体制，東京大学で開催される年次大会およびシンポジウムの案が議論された．また，2024年度学会シンポジウムや2025年度年次大会について今後議論することになった．

第101回　理事会(2024年5月15日，オンライン開催)出席者：会長，副会長2名，理事10名，事務局幹事2名．柿内賞の選考体制やスケジュールについて報告された．議題では2024年度年次大会の詳細が議論され，2025年度大会については常磐大学で開催することが決定された．また，2024年度学会シンポジウムのテーマと担当者が決定された．

第102回　理事会(2024年10月2日，オンライン開催)出席者：会長，副会長2名，理事10名，事務局幹事2名，監事1名．冒頭で9月6日に逝去された夏目賢一理事に対して黙祷が捧げられた．報告では学会シンポジウム開催結果と年次研究大会の準備状況について共有された．議題では柿内賞の選考結果や来年度の企画・広報や，2023年度決算・2024年度予算案等について議論された．また，Society for Social Studies of Scienceとの基本合意書締結が提案され，承認された．

〈総会〉

2024年11月30日(土)，東京大学本郷キャンパスで開催した年次大会に合わせて行われた．2023年度事業報年度決算・2024年度予算案等について議論された．また，議題では柿内賞の選考結果や来年度の企画・広報や，2023 Society for Social Studies of Scienceとの基本合意書締結が提案され，承認された．

〈編集委員会〉

第93回編集委員会(2024年6月6日，オンライン開催)

出席者：編集委員9名．会議の冒頭，水島希委員が副編集長に就任することが報告された．中村理委員が退任の挨拶をされた．論文6本についての経過報告と審議が行われた．続いて，今号(23号)特集の進行状況が確認された．24号の特集について福本江利子委員から「学術と公共政策」にしたいとの案が示され，審議の上で，その案を認めることに決した．その後で，投稿論文に対するデータ・質問紙などの資料の添付について，短報・速報性が高い媒体に掲載された内容を発展させることで作成された投稿論文の扱いについて，雑誌の冊子廃止の可能性について，議論した．

その他，投稿論文，特集原稿，短報，書評等の審議は，電子メールベースでの議論を頻繁に行なっている．

夏目賢一理事のご逝去について

本学会で長年，理事としてご活躍いただいていた夏目賢一氏(金沢工業大学教授)が，本年9月6日に満49歳で急逝されました．夏目理事は，物理学史を皮切りに，技術者倫理やデュアルユースに関する問題など，科学技術社会論において欠くことのできない重要なテーマを追究されてきました．2021年7月には，それまでの研究成果をまとめた『Japan's Engineering Ethics and Western Culture: Social Status, Democracy, and Economic Globalization』と題する著書をLexington Books (Rowman & Littlefield)から公刊されました．これは，日本の技術者倫理の歴史を工学教育のみならず，高等教育政策や産業政策，科学技術政策といった幅広い文脈に位置づけながら論じたもので，科学技術社会論と科学史・技術史とを架橋する成果といえます．今年6月には第一子を授かり，公私ともにこれからますます充実した日々を迎えらえるはずでしたが，8月9日に体調を崩され，意識が戻らぬまま，9月6日に帰らぬ人となりました．夏目理事を失ったことは本学会にとっても痛恨の極みであります．これまでの本学会の活動への多大なる貢献に深謝申し上げるとともに，謹んでお悔やみ申し上げます．

2024年9月26日
綾部　広則

『科学技術社会論研究』投稿規定

1．投稿は原則として科学技術社会論学会会員に限る.
2．原稿は原則として未発表のものに限る.
3．投稿原稿の種類は論文および研究ノートとする．論文とは原著，総説であり，研究ノートとは短報，提言，資料，編集者への手紙，話題，書評，その他である．論文については，匿名の査読者による査読を行う.

論文（査読付）

総説：特定のテーマに関連する多くの研究の総括，評価，解説.

原著：研究成果において新知見または創意が含まれているもの，およびこれに準ずるもの.

研究ノート

短報：原著と同じ性格であるが研究完成前に試論的速報的に書かれたもの（事例報告等を含む)．その内容の詳細は後日原著として投稿することができる.

提言：科学技術社会論に関連するテーマで，会員および社会に提言をおこなうもの.

資料：本学会の委員会，研究会などが集約した意見書，報告書，およびこれに準ずるもの．海外速報や海外動向調査なども含む.

編集者への手紙：掲載論文に対する意見など.

話題：科学技術社会論に関する最近の話題，会員の自由な意見.

書評：科学技術社会論に関係する書物の評.

4．投稿原稿の採否は編集委員会で決定する.
5．本誌（電子化し公開するものを含む）に掲載された論文等の著作権は科学技術社会論学会に帰属する.
6．原稿の様式は執筆要領による．なお，編集委員会において表記等をあらためることがある.
7．掲載料は刷り上り10ページまでは学会負担，超過分（1ページあたり約1万円）については著者負担とする.
8．別刷りの実費は著者負担とする.
9．著者校正は1回とする.
10. 原稿は，投稿票，チェックリストとともに，PDF形式のファイルにして，下記のメールアドレス宛に電子メールで投稿する.

sts@bunken.co.jp
（株）国際文献社内 科学技術社会論学会事務局

（2020年11月30日改訂）

『科学技術社会論研究』執筆要領

1．原稿は和文または英文とし，投稿票，チェックリストとともに提出する．投稿票とチェックリストは，学会ホームページから各自がダウンロードすること．

2．原稿は，44 字× 41 行で作成する．

3．原稿の分量は以下を原則とする．論文については，和文は 16000 字以内，英文は 8000 語以内．研究ノートについては，和文は 8000 字以内，英文は 4000 語以内．いずれも図表などを含む．

4．総説，原著，短報には，和文・英文原稿ともに，400 字程度の和文要旨，200 語以内の英文抄録と，5 個以内の英語キーワードをつける．

5．原稿には表紙を付し，表紙には和文表題，英文表題，英語キーワード，英文抄録のみを記載する．表紙の次のページから，本文を記述する．原稿の表紙および本文には，著者名や著者の所属は記載しない．

6．和文のなかの句読点は，いずれも全角の「.」と「,」とする．

7．本文の様式は以下のようにする．

A. 章節の表示形式は次の例にしたがう．

章の表示……1. 問題の所在，2. 分析結果，など

節の表示……1.1　先行研究，1.2　研究の枠組み，など

B. 外国人名や外国地名はカタカナで記し，よく知られたもののほかは，初出の箇所にフルネームの原語つづりを(　)内に添えること．

C. 原則として西暦を用いること．

D. 単行本，雑誌の題名の表記には，和文の場合は『　』の中に入れ，欧文の場合にはイタリック体を用いること．

E. 論文の題名は，和文の場合は「　」内に入れ，欧文の場合は“　”を用いること．

F. アルファベット，算用数字，記号はすべて半角にすること．

G. 注は通し番号 1)　2)…を本文該当箇所の右肩に付し，注の本体は本文の後に一括して記すこと．

8．注と文献は，分けて記載すること．

9．文献は原則，次の方式によって引用する．

①　本文中では，著者名 出版年，引用ページのみ記載し，詳細な書誌情報は最終ページの文献リストに記載する．一か所の引用で複数の文献を引用する場合は，(著者名 出版年，引用ページ；著者名　出版年，引用ページ；……)と記載する(文献は；(セミコロン)で区切る)．ただし，インターネット資料等で，著者を特定することがどうしても難しい場合は，該当箇所に注を加え，URL と閲覧日のみを記載するだけでよい．

②　著者名(原著者名)を欧文で記すときは，last name をフルネームで記載し，first name はイニシャルのみとする．ただし，同名の著者が複数登場して混乱するときは，first name をフルネームで記載する(それでも区別がつかないときは，middle name も書く)．

③　文献リストでの表記は，以下の形式とする(“_”は半角のスペース)．

(1)　和文の論文

著者名_年：「論文名」『雑誌名』巻(号)，始頁-終頁．

(2)　和文の図書

著者名_年：『書名』出版社．

(3) 和文の図書(欧文の邦訳書)

著者名_年:邦訳者名『邦訳書名』出版社;原著者名_*原書書名[イタリック]*,_原書出版社,_原書出版年.

(4) 欧文の論文

著者名_年:_“論文タイトル,”_*雑誌名 [イタリック]*,_巻(号),_始頁-終頁.

(5) 欧文の図書

著者名_年:_*書名 [イタリック]*,_出版社.

(6) 欧文の図書(邦訳あり)

著者名_年:_*書名 [イタリック]*,_出版社;邦訳者名『邦訳書名』出版社,出版年.

(7) インターネットからの資料

報告書,論文等については,(1)〜(6)の最後にURLと閲覧日を記載する.

それ以外の場合は,著者名_年:「記事タイトル」,URL(閲覧日)を基本とする.

④ 文献は,原則としてアルファベット順に和文,欧文の区別なく並べる.同一著者の同一年の文献については,Jasanoff 1990a, Jasanoff 1990bのようにa,b,c...を用いて区別する.

⑤ 欧文雑誌などの文献を示すときは,他分野の研究者でも容易にその文献がわかるように,分野固有の略記は避ける.(たとえば,*H. S. P. B. S.*ではなく,*Historical Studies in the Physical and Biological Sciences*と表記する.)ただし,あまりにも煩雑になるようであれば,初出箇所ではフルに表記し,2回目以降は略記を用いてもよい.

⑥ 本誌(『科学技術社会論研究』)に掲載された論文を挙げるときは,単に“本誌 第1号”などとせず,『科学技術社会論研究』第1号のように表記する.

⑦ 著者が複数の時は,次のように書く.

和文の場合:丸山剛司,井村裕夫

欧文の場合:Beck,_U.,_Weinberg,_A._and_Wynne,_B.

⑧ 執筆のときに邦訳書を用いた(本文中で邦訳書のページをあげている)ときは,上記(3)の形式で文献を挙げる.執筆のときに原書を用いた(本文中で原書のページを挙げている)が邦訳もあるときは,上記(6)の形式で文献を挙げる.

⑨ 終頁の数値のうち,始頁の数値と同じ上位の桁は,それを省略する.

例1:× 723-728 ○ 723-8

例2:× 723-741 ○ 723-41

〈例〉

[本文]

STS的研究[1)]の意義は,次のような点にあると指摘されている(Beck 1986, 28; Juskevich and Guyer 1990, 876-7).

しかし,ペトロスキ(1988, 25)も強調しているように[2)],……

[注]

1) http://jssts.jp/content/view/14/27/(2016年6月23日閲覧)

2) ただし,……の点に限れば,佐藤(1995, 33)にも同様の指摘がある.

[文献]

Beck, U. 1986: *Risikogesellschaft, Auf dem Weg in eine andere Moderne*, Suhrkamp; 東廉,伊藤美登里訳『危険社会:新しい近代への道』法政大学出版局,1998.

Juskevich, J. C. and Guyer, C. G. 1990: “Bovine Growth Hormone: Human Food Safety Evaluation,” *Science*, 249 (24 August 1990), 875-84.

丸山剛司，井村裕夫 2001：「科学技術基本計画はどのようにしてつくられたか」『科学』71(11)，1416–22.
文部科学省科学技術・学術政策研究所 2015：『大学等教員の職務活動の変化―「大学等におけるフルタイム換算データに関する調査」による 2002 年，2008 年，2013 年調査の 3 時点比較』（調査資料―236），http://www.nistep.go.jp/wp/wp-content/uploads/NISTEP-RM236-FullJ1.pdf.（2016 年 6 月 23 日閲覧）
ペトロスキ，H. 1988：北村美都穂訳『人はだれでもエンジニア：失敗はいかにして成功のもとになるか』鹿島出版会；Petroski, H. *To Engineer is Human: The Role of Failure in Successful Design*, St. Martin's Press, 1985.
佐藤文隆 1995：『科学と幸福』岩波書店.
Weinberg, A. 1972: "Science and Trans-Science," *Minerva*, 10, 209–22.
Wynne, B. 1996: "Misunderstood Misunderstanding: Social Identities and Public Uptake of Science," Irwin, A. and Wynne, B.（eds.）*Misunderstanding Science*, Cambridge University Press, 19–46.

（2020 年 11 月 30 日改訂）

編集後記

『科学技術社会論研究』第23号を，科学技術社会論学会会員の皆様の手元に無事にお届けすることができる運びとなり，安堵しております．2024年11月30日・12月1日に開催された第23回年次大会・総会には間に合いませんでしたが，年内の発行は実現できました．また，学会誌にとって査読論文を掲載することは最重要な使命の一つだと認識しております．査読をご担当くださった先生方のお名前をあげることはできませんが，大変，お世話になりました．どうもありがとうございました．今号には，本年9月6日に急逝された夏目賢一さんの投稿論文が掲載されています．夏目賢一さんは，編集委員として，『科学技術社会論研究』第12号(2016年発行)から第16号(2018年発行)までの作成・発行に貢献されました．また，第13号の特集「イノベーション政策とアカデミズム」の企画の実現と原稿の取りまとめに，中島秀人さん，綾部広則さんとともに尽力されました．編集委員を退かれてからも，第22号の特集「科学・技術と民主主義」の原稿の取りまとめを担当され，最近は，今年度開催されたシンポジウム「ジェンダード・イノベーション：研究開発における社会的公正の可能性と課題」の講演の原稿化について話し合っていたところでした．突然，議論を続ける可能性が失われてしまい，愕然とするとともに，深い悲しみに打ちのめされています．(原塑)

https://jssts.jp に当学会のウェブサイトがあります．
当学会に入会を御希望の方は，ウェブサイトをご参照いただくか，下記の事務局までお問い合わせください．

科学のシャドウ・ワーク　科学技術社会論研究　第23号

2024年12月10日発行

編　者　科学技術社会論学会編集委員会
発行者　科学技術社会論学会　会長　綾部　広則
事務局：〒162-0801　東京都新宿区山吹町358-5　(株)国際文献社内

発行所　玉川大学出版部
194-8610　東京都町田市玉川学園6-1-1
TEL　042-739-8935
FAX　042-739-8940
https://www.tamagawa-up.jp/
振替　00180-7-26665
ISSN 1347-5843

ISBN 978-4-472-18323-2 C3040　Printed in Japan　印刷・製本　クイックス